普通高等教育物联网工程专业系列教材

物联网工程导论

王志良　石志国　主编

西安电子科技大学出版社

内 容 简 介

本书是一本讲述物联网工程的入门教材。全书较为全面地讲述了物联网的应用、技术、服务、知识体系以及作为物联网工程师的合格人才标准，对于 RFID 技术、WSN/ZigBee 技术、常见组网技术、微机电系统技术等物联网关键技术进行了详细讲解，对物联网的应用案例、技术支撑、知识体系以及物联网工程师的职业道德规范等也进行了论述和讨论。本书图文并茂，在写作构思和结构编排上力图为读者提供全面、系统的讲述，使读者不仅对物联网有一个较为清晰的了解和认识，还能进一步理解相关理论和知识。

本书可作为物联网工程专业及其相关专业的教材，也可供需要掌握物联网基础知识的高年级本科生和研究生选读，还可作为希望了解物联网知识的企业管理者、科研人员、高等院校教师等的参考书。

图书在版编目(CIP)数据

物联网工程导论 / 王志良，石志国主编. —西安：西安电子科技大学出版社，2011.9
(2023.5 重印)
ISBN 978 - 7 - 5606 - 2658 - 1

Ⅰ.①物…　　Ⅱ.①王…　②石…　Ⅲ.①互联网络—应用—高等学校—教材
②智能技术—应用—高等学校—教材　Ⅳ.①TP393.4　②TP18

中国版本图书馆 CIP 数据核字(2011)第 162581 号

策　　划　毛红兵
责任编辑　邵汉平　毛红兵
出版发行　西安电子科技大学出版社(西安市太白南路 2 号)
电　　话　(029)88202421　88201467　邮　编　710071
网　　址　www.xduph.com　　电子邮箱　xdupfxb001@163.com
经　　销　新华书店
印刷单位　陕西天意印务有限责任公司
版　　次　2011 年 9 月第 1 版　2023 年 5 月第 10 次印刷
开　　本　787 毫米×1092 毫米　1/16　印张 10
字　　数　227 千字
印　　数　24 001～25 000 册
定　　价　28.00 元
ISBN 978 - 7 - 5606 - 2658 - 1 / TP
XDUP 2950001-10

＊＊ 如有印装问题可调换 ＊＊＊

普通高等教育物联网工程专业系列教材

编审专家委员会名单

总顾问：姚建铨　　天津大学、中国科学院院士　教授

顾　问：王新霞　　中国电子学会物联网专家委员会秘书长

主　任：王志良　　北京科技大学信息工程学院首席教授

副主任：孙小菡　　东南大学电子科学与工程学院　教授

　　　　曾宪武　　青岛科技大学信息科学技术学院物联网系主任　教授

委　员：（成员按姓氏笔画排列）

　　　　马华东　　北京邮电大学计算机学院执行院长　教授

　　　　马建国　　天津大学电子信息工程学院院长　教授

　　　　王洪君　　山东大学信息科学与工程学院副院长　教授

　　　　王春枝　　湖北工业大学计算机学院院长　教授

　　　　王宜怀　　苏州大学计算机科学与技术学院　教授

　　　　白秋果　　东北大学秦皇岛分校计算机与通信工程学院院长　教授

　　　　孙知信　　南京邮电大学物联网学院副院长　教授

　　　　闫连山　　西南交通大学信息光子与通信研究中心主任　教授

　　　　朱昌平　　河海大学计算机与信息学院副院长　教授

　　　　邢建平　　山东大学电工电子中心副主任　教授

　　　　刘国柱　　青岛科技大学信息科学技术副院长　教授

　　　　张小平　　陕西物联网实验研究中心主任　教授

　　　　张　申　　中国矿业大学物联网中心副主任　教授

　　　　李仁发　　湖南大学教务处处长　教授

项目策划：毛红兵

策　　划：张　媛　邵汉平　刘玉芳　王飞

前　言

物联网自诞生以来便引起了巨大关注，被认为是继计算机、互联网、移动通信网之后的又一次信息产业浪潮。物联网(Internet of Things)将人类生存的物理世界网络化、信息化，将分离的物理世界和信息空间有效互联，代表了未来网络的发展趋势与方向，是现代信息技术发展到一定阶段后出现的一种聚合性应用与技术提升。

作为一门专业前导性的课程，本书主要面向物联网工程专业的新生，从物联网的应用、技术、服务、知识体系以及如何做一名合格的物联网工程师的角度，阐述了本专业包括的内容。

作为第三次信息化浪潮，物联网的大力发展主要来源于三大推动力：政府、企业、教育界与科技界。目前，它已成为国家战略性新兴产业。从应用的角度讲，物联网已被广泛应用在智慧地球、智慧城市、智慧校园中，同时物联网终端在人体健康监护、智能电网、智能家居等领域也有广泛的用途。

从技术的角度讲，物联网分成三个层次和八层架构。三个层次分别是物联网感知层、物联网网络层和物联网应用层。物联网包括四大支撑技术：标签技术、传感技术、组网技术和微机电技术。

物联网是一次技术革命，代表了未来计算机和通信的走向，其发展依赖于在诸多领域内活跃的技术创新。物联网的支撑技术融合了 RFID(射频识别)、WSN/ZigBee、传感器、智能服务等多种技术。RFID 是一种非接触式自动识别技术，可以快速读写、长期跟踪管理，在智能识别领域有着非常看好的发展前景。以短距、低功耗为特点的 WSN/ZigBee 技术使得搭建无处不在的网络变为可能；以 MEMS 为代表的传感器技术拉近了人与自然世界的距离；智能服务技术则为发展物联网的应用提供了服务内容。

物联网的最终目的是为人类提供更好的智能服务，满足人们的各种需求，让人们享受美好的生活。

最后，物联网工程师应具备的道德修养与职业素质是：先学做人，后学处事，再学知识，培养健全的人格。

从总体上看，本书具有如下特点：

(1) 系统性好。在本书中，作者从各个方面阐述了物联网的相关知识，列举了物联网的相关技术，如标签技术、传感器技术、无线传感器网络技术、智能技术等，这些技术基本上贯穿于物联网研究的方方面面。

(2) 结构好。本书由浅入深，先讲明物联网的发展概况以及应用案例，然后讲述物联网的技术支撑、知识体系，最后介绍物联网工程师的职业道德规范等，使学生对物联网有一个较为概括的了解。

作为全国高校物联网及其相关专业教学指导小组和物联网工程专业教学研究专家组成

员，作者在其组织的物联网工程教学研讨活动中，汲取了很多物联网工程的教学理念，这对本书的编写助益良多。同时，本书的出版得到了西安电子科技大学出版社的大力支持，并得到第七批国家级高等学校(物联网工程)特色专业建设重点项目、中央高校基本科研业务费专项资金、北京科技大学研究型教学项目的支持和资助，在此一并表示感谢。

本书由王志良担任主编。王志良规划了本书的总体编写思路、内容安排并指导文字写作；石志国负责全书的统稿和规划大纲工作；王辉负责全书的整理和组织工作；闫纪铮为本书的编写提供了具体意见。王志良、洪密、李秉杰参与了第一章的编写工作；王志良、王新平、胡四泉参与了第二章的编写工作；王鲁、王辉、郑思仪参与了第三章的编写工作；王志良、石志国、刘磊参与了第四章的编写工作；闫纪铮、谷学静、解迎刚参与了第五章的编写工作；王志良、于洋、牛晓鹏参与了第六章的编写工作。

物联网工程专业是一个战略性新型专业，正处在蓬勃发展时期，因为时间有限，有些内容本书未能全部涵盖。同时，由于作者的认识领悟能力有限，书中难免存在缺点与疏漏，敬请各位专家以及广大读者批评指正。

王志良　石志国

2011 年 6 月

出 版 说 明

　　本书主要面向物联网工程专业的新生，可作为物联网工程专业低年级本科教材使用(建议授课学时为 16 学时)；也可供计算机科学与技术、电子科学与技术、自动化、通信工程、信息安全、智能科学与技术等相关专业本科生学习及研究生选读。为方便教学，本书提供全部课件。

　　本书针对的是物联网工程本科专业的教学，要求学生掌握本书所讲内容，使其能够了解物联网的基本知识、相关技术和实践应用。本书授课学时建议分配如下：

　　第 1 章——2 个学时，绪论(物联网概述)；

　　第 2 章——4 个学时，物联网应用案例(建议结合学校特色和行业优势讲授)；

　　第 3 章——4 个学时，物联网的技术基础；

　　第 4 章——2 个学时，信息处理与软件服务；

　　第 5 章——2 个学时，物联网的知识体系与课程安排(建议结合学校特色和行业优势讲授)；

　　第 6 章——2 个学时，物联网工程师的合格人才标准。

　　也可以让新入学的本科生进行物联网认识性实验(2 学时)，但是不主张进行深入讲授。

目　　录

第一章 绪 论

作为新兴事物的物联网其实并不年轻，在其近十年的发展历程中，不同的国家、不同的机构组织在不同的时期都关注着物联网。物联网(Internet of Things，简称IOT)被看做是信息领域的一次重大发展与变革，其广泛应用将在未来 5～15 年中为解决现代社会问题做出极大贡献。自 2009 年以来，美国、欧盟、日本等纷纷出台物联网发展计划，进行相关技术和产业的前瞻布局；我国"十二五"规划中也将物联网作为战略性新兴产业予以重点关注和推进。但整体而言，无论国内还是国外，物联网的研究和开发都还处于起步阶段。

1.1 物联网的定义

物联网自诞生以来便引起了巨大关注，被认为是继计算机、互联网、移动通信网之后的又一次信息产业浪潮。

国内外普遍认为物联网是麻省理工学院 Ashton 教授于 1999 年最早提出来的。其理念是基于射频识别(RFID)、电子代码(EPC)等技术，在互联网的基础上构造一个实现全球物品信息实时共享的实物互联网，即物联网，如图 1.1 所示。

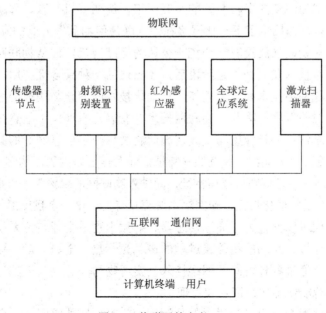

图 1.1 物联网的定义

Ashton 教授关于物联网的设想有两层意思：第一，物联网的核心和基础是互联网，是在互联网基础上的延伸和扩展的网络；第二，其用户端延伸和扩展到了任何物体与物体之间，并进行信息交换和通信。

2010 年，温总理在十一届人大三次会议上所作政府工作报告中对物联网做了这样的定义：物联网是指通过信息传感设备，按照约定的协议，把任何物品与互联网连接起来，进行信息交换和通信，以实现智能化识别、定位、跟踪、监控和管理的一种网络。它是在互联网基础上延伸和扩展的网络。

除了上面的定义之外，还有一些在具体环境下为物联网做出的定义。

欧盟的定义：将现有的互联的计算机网络扩展到互联的物品网络。

国际电信联盟(ITU)的定义：物联网主要解决物品到物品(Thing to Thing，T2T)、人到物品(Human to Thing，H2T)、人到人(Human to Human，H2H)之间的互联。这里与传统互联网不同的是，H2T 是指人利用通用装置与物品之间的连接，H2H 是指人与人之间不依赖于个人电脑而进行的互联。需要利用物联网才能解决的是传统意义上的互联网没有考虑的、对于任何物品连接的问题。物联网是连接物品的网络，有些学者在讨论物联网时，常常提到M2M 的概念，可以解释为人到人(Man to Man)、人到机器(Man to Machine)、机器到机器(Machine to Machine)。本质上，在人与机器、机器与机器之间的交互，大部分还是为了实现人与人之间的信息交互。

ITU 物联网研究组认为：物联网的核心技术主要是普适网络、下一代网络和普适计算。这三项核心技术的简单定义如下：普适网络——无处不在的、普遍存在的网络；下一代网络——可以在任何时间、任何地点，互联任何物品，提供多种形式信息访问和信息管理的网络；普适计算——无处不在的、普遍存在的计算。其中下一代网络中"互联任何物品"的定义是 ITU 物联网研究组对下一代网络定义的扩展，是对下一代网络发展趋势的高度概括。从现在已经成为现实的多种装置的互联网络，例如手机互联、移动装置互联、汽车互联、传感器互联等，都揭示了下一代网络在"互联任何物品"方面的发展趋势。

目前国内外对物联网还没有一个统一公认的标准定义，但从物联网的本质加以分析，物联网是现代信息技术发展到一定阶段后，才出现的一种聚合性应用与技术提升。它是各种感知技术、现代网络技术和人工智能与自动化技术的聚合与集成应用，使人与物智慧对话，创造一个智慧的世界。因此，物联网技术的发展几乎涉及了信息技术的方方面面，是一种聚合性、系统性的创新应用与发展，因此它被称为是信息产业的第三次革命性创新。其本质主要体现在三个方面：一是互联网特征，即对需要联网的"物"一定要有能够实现互联互通的互联网络；二是识别与通信特征，即纳入物联网的"物"一定要具备自动识别、物物通信的功能；三是智能化特征，即网络系统应具有自动化、自我反馈与智能控制的特点。

总体上物联网可以概括为：通过传感器、射频识别、全球定位系统等技术，实时采集任何需要监控、连接、互动的物体或过程的声、光、热、电、力学、化学、生物、位置等各种需要的信息，通过各种可能的网络接入，实现物与物、物与人的泛在连接，从而实现对物品和过程的智能化感知、识别和管理。

因此，把物联网初步定义为通过射频识别(RFID)、红外感应器、全球定位系统、激光扫描器等信息传感设备，按约定的协议，把任何物体与互联网相连接，进行信息交换和通信，以实现对物体的智能化识别、定位、跟踪、监控和管理的一种网络。特别注意的是，物联网中的"物"不是普通意义的万事万物，这里的"物"要满足以下条件：① 要有相应信息的接收器；② 要有数据传输通路；③ 要有一定的存储功能；④ 要有处理运算单元(CPU)；⑤ 要有操作系统；⑥ 要有专门的应用程序；⑦ 要有数据发送器；⑧ 遵循物联网的通信协议；⑨ 在世界网络中有可被识别的唯一编号。

通过以上分析可以发现，物联网的核心是物与物以及人与物之间的信息交互。其基本特征可简要概括为全面感知、可靠传送和智能处理，如表 1.1 所示。

表 1.1　物联网的三个特征

全面感知	利用射频识别、二维码、传感器等感知、捕获、测量技术随时随地对物体进行信息采集和获取
可靠传送	通过将物体接入信息网络，依托各种通信网络，随时随地进行可靠的信息交互和共享
智能处理	利用各种智能计算技术，对海量的感知数据和信息进行分析并处理，实现智能化的决策和控制

1.2　物联网的起源

回顾历史，不知是巧合还是有意，在大的危机之后，总会有新的行业诞生，来引领和支撑经济的复苏、发展，从而带动社会进入新的经济上升周期。20 世纪末，一系列新兴市场遭受金融危机的冲击后，诞生了互联网这一新兴行业；而在这次人类历史上数一数二的金融危机余波未了，在人们热切关注新能源行业的发展时，又出现了一个新名词和新概念——物联网。物联网逐渐成为了人们眼中的"救世主"，尽管仍有一些学术界人士或者是技术精英对这种说法莫衷一是，但不可否认的是，包括美国在内的一些国家正在试图通过"物联网"走出经济泥潭。信息产业的每一次跨越都不是技术上的偶然发明，而是国家发展战略结出的硕果。

2009 年 1 月，中国科学院院长路甬祥在接受《瞭望》新闻周刊专访时指出：眼下这场全球性金融危机爆发之时，"科学的沉寂"已达 60 余年，一些重要的科学问题和关键核心技术发生革命性突破的先兆已日益显现。当前国际金融危机对世界经济社会、政治格局的影响继续显现，国际国内环境的重大变化对我国经济社会发展已经产生了深刻影响。

当前，由美国次贷危机引发的这场百年不遇的国际金融危机的影响仍在全球继续蔓延，尚未见底，有可能持续较长时间，世界经济将经历一个较长的低迷、调整和变革期。全球经济增速快速下滑，能源资源、粮食价格大幅波动，失业率普遍上升，对我国经济的影响不容低估。

尽管如此，我们还是要看到，世界正处在科技创新突破和科技革命的前夜。这一重要结论主要基于以下分析：

(1) 历史经验表明，全球性经济危机往往催生重大科技创新突破和科技革命。根据经济长波理论，每一次的经济低谷必定会催生出某些新的技术，而这种技术一定可以为绝大多数工业产业提供一种全新的使用价值，从而带动新一轮的消费增长和高额的产业投资，以触动新经济周期的形成。1857 年的世界经济危机引发了以电气革命为标志的第二次技术革命；1929 年的世界经济危机引发了战后以电子、航空航天和核能等技术突破为标志的第三次技术革命。依靠科技创新创造新的经济增长点、新的就业岗位和新的经济社会发展模式，是摆脱危机、促进经济增长的根本出路。过去的十几年间，互联网技术取得了巨大成功，而目前的经济危机让人们又不得不面临紧迫的选择，在这些因素作用下，物联网技术将成为推动下一个经济增长特别重要的推手。

(2) 前瞻全球现代化发展的图景，包括中国、印度在内的近三十亿人口追求小康生活和实现现代化的宏伟历史进程与自然资源供给能力和生态环境承载能力的矛盾日益凸显和尖锐，按照传统的大量耗费不可再生自然资源和破坏生态环境的经济增长方式、沿袭少数国家以攫取世界资源为手段的发展模式难以为继。人类生存发展的新需求强烈呼唤科技创新突破和科技革命。

(3) 从当今世界科技发展的态势看，奠定现代科技基础的重大科学发现基本发生在 20 世纪上半叶，"科学的沉寂"已达 60 余年，而技术革命的周期也日渐缩短。同时，科学技术知识体系积累的内在矛盾凸显，在物质能量的调控与转换、量子信息调控与传输、生命基因的遗传变异进化与人工合成、脑与认知、地球系统的演化等科学领域，在能源、资源、信息、先进材料、现代农业、人口健康等关系现代化进程的战略领域中，一些重要的科学问题和关键核心技术发生革命性突破的先兆已显现。

中科院计算所所长李国杰院士在 2008 年诺贝尔奖获得者北京论坛举行的中科院信息与创新战略研讨会上，对 21 世纪上半叶信息科学技术发展趋势作总体判断时表示：信息科技正在进入全民普及阶段，信息技术惠及大众将成为未来几十年的主旋律；21 世纪上半叶，将兴起一场新的信息科学革命，其结果可能导致 21 世纪下半叶新的技术革命。李国杰表示："目前的信息科学只相当于 1905 年以前的理论物理研究，信息科学还处在伽利略时代。20 世纪下半叶信息技术发展迅猛，但信息技术的基础理论大部分是在 20 世纪 60 年代以前完成的，近 40 年信息科学没有取得重大突破。"同样，大量的编写计算机程序的工作也可能会推进新的数学方法的产生。如同望远镜促进天文学、显微镜促进医学发展一样，数字计算机的发明，特别是近 20 年微处理器和网络技术的突飞猛进，使大规模并行计算和网格计算成为可能，将导致一场科学的革命——21 世纪将产生以并行计算为基础的新科学。

其他专家在谈及物联网时说到：从 2007 年开始，我们都在应对全球金融危机，美国和欧盟在应对危机方面重点推出物联网，并于 2008 年和 2009 年比较清晰地提出物联网发展规划和发展行动的一些具体措施。每一次金融危机，我们都要去应对它，要去挽救一些企业，促进它们能够更健康地发展，但是我们最终还是选择了一些新的产业，用新的产业取代或者改变传统产业。就像 1998 年的亚洲金融危机一样，因为互联网和新经济的出现，才使当时的经济危机能够更快地度过。这一次我们也在寻找以新技术为支撑的新的产业和新的发展机会。摆在面前的确实是值得我们把握的机会，物联网会引发一个很大的产业机会，这也是物联网的大背景所决定的。

物联网的发展，从一开始就与信息技术、计算机技术，特别是网络技术密切相关。"计算模式每隔15年发生一次变革"这个被称为"15年周期定律"的观点一经美国国际商业机器公司(即 IBM)前首席执行官郭士纳提出，便被认为同英特尔创始人之一的戈登·摩尔提出的摩尔定律一样准确，并且都同样经过历史的检验。摩尔定律的内容为：集成电路上可容纳的晶体管数目，约每隔18个月便会增加一倍，性能也将提升一倍。纵观历史，1965年前后发生的变革以大型机为标志，1980年前后发生的变革以个人计算机的普及为标志，而1995年前后则发生了互联网革命，每一次的技术变革又都引起企业、产业甚至国家间竞争格局的重大动荡和变化。而2010年发生的变革极有可能出现在物联网领域，如图1.2所示。

图 1.2 15年周期定律

从1999年概念的提出到2010年的崛起，物联网经历了十年历程，特别是最近两年其发展极为迅速，不再停留在单纯的概念、设想阶段，而是逐渐成为国家战略、政策扶植的对象。表1.2列出了物联网发展历程中的关键点。

表 1.2 物联网发展历程中的关键点

2005 年	国际电信联盟发布了《ITU 互联网报告 2005：物联网》，引用了"物联网"的概念，并且指出无所不在的"物联网"通信时代即将来临。然而，报告对物联网缺乏一个清晰的定义，但覆盖范围有了较大的拓展
2009 年初	美国国际商业机器公司(即 IBM)提出了"智慧的地球"概念，认为：信息产业下一阶段的任务是把新一代信息技术充分运用在各行各业之中，具体就是把传感器嵌入和装备到电网、铁路、桥梁、隧道、公路、建筑、供水系统、大坝、油气管道等各种物体中，并且被普遍连接，形成物联网
2009 年 6 月	欧盟委员会向欧盟议会、理事会、欧洲经济和社会委员会及地区委员会递交了《欧盟物联网行动计划》，其目的是希望欧洲通过构建新型物联网管理框架来引领世界"物联网"的发展
2009 年 8 月	日本提出"智慧泛在"构想，将传感网列为国家重要战略，致力于一个个性化的物联网智能服务体系
2009 年 8 月	国务院总理温家宝来到中科院无锡研发中心考察，指出关于物联网可以尽快去做的三件事情：一是把传感系统和 3G 中的 TD 技术结合起来；二是在国家重大科技专项中，加快推进传感网发展；三是尽快建立中国的传感信息中心，或者叫"感知中国"中心

续表

2009 年 10 月	韩国通信委员会通过《物联网基础设施构建基本规划》，将物联网确定为新增长动力，树立了"通过构建世界最先进的物联网基础实施，打造未来广播通信融合领域超一流信息强国"的目标
2010 年 3 月	国务院总理温家宝在政府工作报告中，将"加快物联网的研发应用"明确纳入重点产业振兴计划中，表明物联网已经被提升为国家战略，中国开启物联网元年

1.3　物联网的三大推动力

1.3.1　第一大推动力：政府

1998 年 1 月 31 日，美国副总统戈尔在加利福尼亚科学中心做了题为《数字地球：展望 21 世纪我们这颗行星》的长篇演讲。他在这篇演讲中首次提到并系统阐述了"数字地球"这个新概念，其构想如图 1.3 所示。这个概念提出的前提是，技术创新的新浪潮使我们能够大量地获得、存储、处理和显示关于地球的各种环境和文化现象信息。如此大量的信息构成了"地理坐标系"，它涉及地球表面每一个特定的地方。有了这个数字化的"地理坐标系"信息源，人类就可以淘汰现在的人机对话方式，即利用 Macintosh 和 Windows 操作系统提供的桌面图形方式，跨入"数字地球"的多种分辨率、三维的表述方式，使人类能嵌入巨大数量的地理坐标系数据。

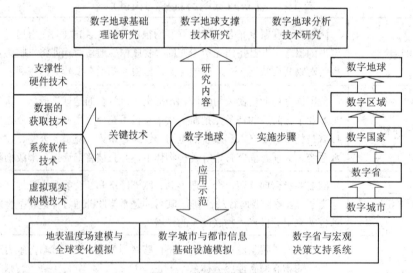

图 1.3　数字地球构想

戈尔认为，高科技的发展使人类拥有了前所未有的捕捉、收集、处理和展示信息的手段，但大量的数据并没有得到充分处理，更没有得到充分的使用。例如，一颗地球卫星每两周即可发回地球的完整照片，这种卫星已经运行了 20 年，所收集的信息可谓浩如烟海，但只是储存在数据库里，与绝大多数人的日常生活无关。

要利用如此巨量的信息为人类服务，必须开发新的信息展示技术。人脑处理信息的"技术"具有速率低而分辨率高的特点，一般人难以在短时间内记住 7 组以上的数据，但是由几十亿个信息单元组成的图像，如一处风景、一张明星的脸，人们却可以过目不忘，乃至一见钟情。由此，戈尔提出，"我们需要一个'数字地球'，这是一个高分辨率三维空间的数据星球，与地球有关的庞大数据可以存储在里面"，人们借助头戴显示器、特制的数据手套等高分辨率展示工具，就可以在全球自由遨游，不受时间和空间的限制，可以谈笑间"飞"到万里之外或千年之前，寻访南极的一座冰峰或会晤埃及的某位法老。

在美国，奥巴马就职后提出了"智慧地球"的概念。其雏形是 IBM 公司对 21 世纪后社会变化、科技发展、市场实践和全球面临的重大问题进行总结和分析后得出的结论。其核心是以一种更智慧的方法，利用新一代信息通信技术来改变政府、公司和人们相互交互的方式，以便提高交互的明确性、效率、灵活性和响应速度。通俗地讲，它是把新一代 IT 技术充分运用在各行各业之中，即把感应器嵌入和装备到全球每个角落的电网、铁路、桥梁、隧道、公路等各种物体中，并且被普遍连接，形成所谓的"物联网"，而后通过超级计算机和"云计算"将"物联网"整合起来，人类能以更加精细和动态的方式管理生产和生活，从而达到全球"智慧"状态，最终形成"互联网＋物联网＝智慧的地球"，极大地提高资源利用率和生产力水平，应对经济危机、能源危机、环境恶化。智慧地球的应用领域如图 1.4 所示。作为新一轮 IT 技术革命，"智慧地球"上升为美国的国家战略，被认为是挽救危机、振兴经济、确立竞争优势的关键战略。奥巴马期望利用"智慧的地球"来刺激经济复苏，把美国经济带出低谷。

图 1.4 智慧地球应用领域

2009 年 6 月 18 日，欧盟委员会向欧盟议会、理事会、欧洲经济和社会委员会及地区委员会递交了《欧盟物联网行动计划》，其目的是希望欧洲通过构建新型物联网管理框架来引领世界"物联网"发展。作为"物联网"应用的重要部分，M2M(机到机的应用)业务已受到运营商的广泛关注。一些优秀的国外运营商已开始就其长远发展确立了明确的战略方向，如法国电信关注医疗、Decoma 关注 M2M 协议。欧洲的运营商也加强了 M2M 市场的部署：Orane 看好车队管理市场；Telenor 与设备商合作，推出完整解决方案；T-Mobile 与设备商合作开发解决方案；沃达丰推出 M2M 全球服务平台。

全球各个国家对"物联网"都非常重视，据资料显示：奥巴马政府对更新美国信息高速公路提出了更具高新技术含量的信息化方案；欧盟发布了下一代全欧移动宽带长期演进与超越以及 ICT 研发与创新战略；日本政府紧急出台了数字日本创新项目 ICT 鸠山计划行动大纲；澳大利亚、新加坡、法国、德国等其他发达国家也加快了部署下一代网络基础设施的步伐。全球信息化正在引发当今世界的深刻变革，世界政治、经济、社会、文化和军事发展的新格局正在受到信息化的深刻影响。也许在未来的 3～5 年之内，更具智能性的信息基础设施将逐步与传统的基础设施融合，更加智能化的网络也将会逐步得到普及。

从国际上看，欧盟、美国、日本等都十分重视物联网的工作，并且已做了大量的研究开发和应用工作。如美国把它当成重振经济的法宝，非常重视物联网和互联网的发展，它的核心是利用信息通信技术(ICT)来改变美国未来产业发展模式和结构(金融、制造、消费和服务等)，改变政府、企业和人们的交互方式以提高效率、灵活性和响应速度。把 ICT 技术充分用到各行各业，把感应器嵌入到全球每个角落，例如电网、交通(铁路、公路、市内交通)等相关的物体上，并将利用网络和设备收集的大量数据通过云计算、数据仓库和人工智能技术进行分析，给出解决方案，把人类智慧赋予万物，赋予地球。已提出的"智慧地球"、"物联网"和"云计算"，就是美国要作为新一轮 IT 技术革命的领头羊的证明。欧盟专家认为，欧盟发展物联网先于美国，确实欧盟围绕物联网技术和应用做了不少创新性工作。在北京 2010 年 11 月全球物联网会议上，欧盟相关专家介绍了《欧盟物联网行动计划》(Internet of Things—An action plan for Europe)，其目的也是企图在"物联网"的发展上引领世界。在欧盟较为活跃的是各大运营商和设备制造商，他们推动了 M2M(机器与机器)技术和服务的发展。

2009 年 8 月 7 日，温家宝总理在考察时提出了"感知中国"战略。2009 年 11 月 3 日，温家宝总理在《让科技引领中国可持续发展》的讲话中有这样的描述：信息网络产业是世界经济复苏的重要驱动力。全球互联网正在向下一代升级，传感网和物联网方兴未艾。"智慧地球"简单说就是物联网与互联网的结合，就是传感网在基础设施和服务领域的广泛应用。我在无锡考察时参观了中国科学院微系统所无锡传感网工程中心，很高兴看到一批年轻人正在从事传感网的研究。我相信他们一定能够创造出"感知中国"，在传感世界中拥有中国人自己的一席之地。我们要着力突破传感网、物联网的关键技术，及早部署后 IP 时代相关技术研发，使信息网络产业成为推动产业升级、迈向信息社会的"发动机"。

2010 年 3 月 5 日，温家宝总理在"十一届全国人大三次会议"上作政府工作报告时指出，转变经济发展方式刻不容缓。要大力推动经济进入创新驱动、内生增长的发展轨道。温家宝介绍，要加快转变经济发展方式，调整优化经济结构，包括大力培育战略性新兴产业。抢占经济科技制高点，决定国家的未来，必须抓住机遇，明确重点，有所作为。要大力发展新能源、新材料、节能环保、生物医药、信息网络和高端制造产业。积极推进新能源汽车、"三网"融合取得实质性进展，加快物联网的研发应用。加大对战略性新兴产业的投入和政策支持。

2010 年 3 月 6 日，全国人大委员长吴邦国在参加"十一届全国人大三次会议"和全国政协十一届三次湖北代表团审议时强调，要找准国际产业发展新方向，扬长避短，把培育物联网、智能电网、低碳技术、生物技术、新材料等新兴产业作为国家发展战略，加大科技投入，加强自主创新，攻克技术难题，掌握关键技术，加快产业化进程，切实增强经济的整体素质、发展后劲和抵御风险能力，确保我国在新一轮国际竞争中掌握主动权。

2010 年 3 月 5 日，工信部部长李毅中信心十足地指出："我国的物联网有一定的基础，并不落后于国际水平。"

2010 年 3 月 8 日，全国人大代表、浙江省电信有限公司总经理张新建表示，中国应将物联网建设上升为国家战略，并要掌握国际话语权。对于中国的物联网建设，张新建认为，国家在"十二五"规划中要体现物联网发展的目标和思路。在建设上，国家应加大政策扶持力度，"政府可建立'物联网基金'，提供专项资金以及税收等方面的优惠政策"。

2010 年 3 月 5 日，全国人大代表、中国工程院院士、中星微电子有限公司董事长邓中翰在接受采访时说，物联网将是未来经济的新增长点，中星微电子有限公司将在物联网领域加大投入，进一步把网络技术、IP 技术、IT 技术推动到第一、二、三产业中，并且借助物联网的商机，创造出更多新型的企业，以及新型技术和财富。

《国家中长期科学与技术发展规划(2006—2020 年)》和"新一代宽带移动无线通信网"重大专项中均将传感网列入重点研究领域。

1.3.2 第二大推动力：企业

2008 年，IBM 提出的"智慧地球"发展战略(如图 1.5 所示)，受到美国政府的高度重视。"智慧地球"的核心是：无处不在的智能对象，被无处不达的网络与人连接在一起，再被无所不能的超级计算机调度和控制。与这一战略相关的前所未有的"智慧"的基础设施，为创新提供了无穷无尽的空间。作为新一波 IT 技术革命，其对于人类文明的影响之深远，将远远超过互联网。预期其中投资于新一代智慧型基础设施建设的项目，能够有力地刺激经济复苏，而且能为美国奠定长期繁荣的基础。

这一前景毫无疑问地引起了奥巴马团队的兴趣，既然 1993 年的克林顿能够利用互联网革命把美国带出当时的经济低谷，并实现空前的经济繁荣，那么 2009 年的奥巴马或许也可以利用"智慧地球"重现这一幕。

2010 年 9 月 11 日，我国的"传感器网络标准工作组"成立，该组聚集了中国科学院、中国移动等国内传感网主要的技术研究和应用单位，将积极开展传感网标准制定工作，深度参与国际标准化活动，旨在通过标准化为产业发展奠定坚实的技术基础。"物联网"涵盖了诸多的产业力量，例如，电信运营商可以扮演提供运营平台的角色，在这个平台上可开发各种业务。"物联网"概念在中国移动总经理王建宙的大力倡导下，已开始迅速普及，中国电信和中国联通也快马加鞭地赶了上来。在 2009 年 9 月 16 日开幕的"2009 年中国国际信息通信展览会"上，三大运营商的"物联网"业务全部登台亮相。在中国移动的展位上，重点展示的是手机钱包和手机购电业务。

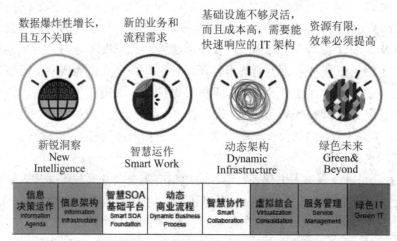

数据爆炸性增长，且互不关联 新的业务和流程需求 基础设施不够灵活，而且成本高，需要能快速响应的 IT 架构 资源有限，效率必须提高

新锐洞察　　　　智慧运作　　　　动态架构　　　　绿色未来
New Intelligence　Smart Work　　Dynamic Infrastructure　Green& Beyond

| 信息决策运作 Information Agenda | 信息架构 Information Infrastructure | 智慧SOA基础平台 Smart SOA Foundation | 动态商业流程 Dynamic Business Process | 智慧协作 Smart Collaboration | 虚拟结合 Virtualization Consolidation | 服务管理 Service Management | 绿色IT Green IT |

· IBM 的 SP 图解，可以看做是一个企业理想的 IT 和动作模型与最终的效果，它需要有新税的洞察、智慧的运作和动态的架构，并最终让我们拥有绿色的未来

图 1.5　智慧地球的构成

除了上述业务外，中国移动的"物联网"展台还展出了物流信息化、企业一卡通、公交视频、校讯通、手机购电等主题，这些业务都是物联网概念统合下的业务分支。中国电信将物联网业务分成两部分——"平安 e 家"和"商务领航"。中国联通的 3G 污水监测业务更脱离了个人消费的传统应用领域。这些服务也可以算作是"物联网"概念下的业务分支。中国电信向物流行业提供了名为"物流 e 通"的业务，采用自动识别、移动通信和 GPS 定位等多项技术，将物流管理系统嵌入到 CDMA 手机中，提供物流数据采集、物流业务管理、自主导航和第三方定位等功能。中国移动则推出了"e 物流"业务，面向物流运输行业推出的集全球卫星定位系统(GPS)、地理信息系统(GIS)、无线通信(GPRS)、短信(SMS)技术于一体的软、硬件综合信息系统管理平台，提供车辆定位、货况信息、短信通告、运输路径的选择、运输网络的设计与优化等服务。

国际电信联盟 2005 年的一份报告中曾描绘了"物联网"时代的图景：当司机出现操作失误时汽车会自动报警；公文包会提醒主人忘带了什么东西；衣服会"告诉"洗衣机对颜色和水温的要求等。这些理想化的服务指出了物联网的一个发展方向。目前，中国物联网的发展已经展开，并且在一些领域已具体实施，如在 2010 年上海世博会期间，为确保世博园区食品安全，监管部门启动了"世博食品安全实时监控综合平台"。食品或原材料在进入园区之前，需佩戴电子标签(RFID)；食品或原材料入园时，工作人员只要用读卡器轻照电子标签，一个番茄、一根豆芽都能追根溯源。

物联网过多地被解读为一个商业术语，而不是严格意义上的科学概念，无论是商业服务者，还是科学研究者，在他们看来，物联网都可以称得上是科技以人为本、服务生活的完美融合体。从各个行业具体而微小规模应用的涓涓细流，逐渐汇聚成今天技术高度集成、应用广泛的大江大河。

1.3.3　第三大推动力：教育界与科技界

追求先进科学与前沿技术是科学家的天职。2009 年初，美国总统奥巴马在和工商领袖举行的圆桌会议上，对包括物联网在内的智慧型基础设施(简称"智慧地球")给予了积极回应，将"新能源"和"物联网"列为振兴经济的两大武器，将"智慧地球"提升到美国的国家及发展战略的高度。随着温家宝总理的"感知中国"战略构想的提出，我国政府已充分意识到物联网是信息技术变革的重大机遇。通过探索物联网的核心理论问题，发展享有自主产权的物联网技术对推动我国在该领域的跨越式发展，具有十分重要的意义。

2010 年 3 月 9 日，教育部网站发出通知：我国拟针对互联网、绿色经济、低碳经济、环保技术、生物医药等国家决定大力发展的重要战略性新兴产业，在高校本科教育阶段设立相关专业。这其中就包括增设物联网专业，以期为重要战略性新兴产业——物联网相关产业培养高素质人才。

工业和信息化部相关领导在首届物联网应用高峰论坛上表示，目前我国物联网总体还处于起步阶段，为推进物联网产业发展，我国将采取四大措施支持电信运营企业开展物联网技术创新与应用。这些措施包括：

一是突破物联网关键核心技术，实现科技创新。同时结合物联网特点，在突破关键共性技术时，研发和推广应用技术，加强行业和领域物联网技术解决方案的研发和公共服务平台建设，以应用技术为支撑突破应用创新。

二是制定我国物联网发展规划，全面布局。重点发展高端传感器、MEMS、智能传感器和传感器网节点、传感器网关、超高频 RFID、有源 RFID 和 RFID 中间产业等，重点发展物联网相关终端和设备以及软件和信息服务。

三是推动典型物联网应用示范，带动发展。通过应用引导和技术研发的互动式发展，带动物联网的产业发展。重点建设传感网在公众服务与重点行业的典型应用示范工程，确立以应用带动产业的发展模式，消除制约传感网规模发展的瓶颈。深度开发物联网采集来的信息资源，提升物联网的应用过程产业链的整体价值。

四是加强物联网国际国内标准，保障发展。做好顶层设计，满足产业需要，形成技术创新、标准和知识产权协调互动机制。面向重点业务应用，加强关键技术的研究，建设标准验证、测试和仿真等标准服务平台，加快关键标准的制定、实施和应用。积极参与国际标准制定，整合国内研究力量，形成合力，推动国内自主创新，将研究成果推向国际。

1.4　国家的"战略性新兴产业"解析

我国对"物联网"的发展给予了高度重视，《国家中长期科学与技术发展规划》和"新一代宽带移动无线通信网"重大专项中均将"传感网"列入重点研究领域。

国务院总理温家宝 2010 年 9 月 8 日主持召开国务院常务会议，审议并原则通过《国务院关于加快培育和发展战略性新兴产业的决定》。会议做出了如下决定：

一、抓住机遇，加快培育和发展战略性新兴产业

战略性新兴产业是以重大技术突破和重大发展需求为基础，对经济社会全局和长远发展具有重大引领带动作用，知识技术密集、物质资源消耗少、成长潜力大、综合效益好的产业。加快培育和发展战略性新兴产业对推进我国现代化建设具有重要战略意义。

二、坚持创新发展，将战略性新兴产业加快培育成为先导产业和支柱产业

根据战略性新兴产业的特征，立足我国国情和科技、产业基础，现阶段重点培育和发展节能环保、新一代信息技术、生物、高端装备制造、新能源、新材料、新能源汽车等产业。并指出战略性新兴产业的发展目标如下：

到 2015 年，战略性新兴产业形成健康发展、协调推进的基本格局，对产业结构升级的推动作用显著增强，增加值占国内生产总值的比重力争达到 8%左右。

到 2020 年，战略性新兴产业增加值占国内生产总值的比重力争达到 15%左右，吸纳、带动就业能力显著提高。节能环保、新一代信息技术、生物、高端装备制造产业成为国民经济的支柱产业，新能源、新材料、新能源汽车产业成为国民经济的先导产业；创新能力大幅提升，掌握一批关键核心技术，在局部领域达到世界领先水平；形成一批具有国际影响力的大企业和一批创新活力旺盛的中小企业；建成一批产业链完善、创新能力强、特色鲜明的战略性新兴产业集聚区。

再经过十年左右的努力，战略性新兴产业的整体创新能力和产业发展水平达到世界先进水平，为经济社会可持续发展提供强有力的支撑。

三、立足国情，努力实现重点领域快速健康发展

根据战略性新兴产业的发展阶段和特点，要进一步明确发展的重点方向和主要任务，统筹部署，集中力量，加快推进。

（一）节能环保产业。重点开发推广高效节能技术装备及产品，实现重点领域关键技术突破，带动能效整体水平的提高。加快资源循环利用关键共性技术研发和产业化示范，提高资源综合利用水平和再制造产业化水平。示范推广先进环保技术装备及产品，提升污染防治水平。推进市场化节能环保服务体系建设。加快建立以先进技术为支撑的废旧商品回收利用体系，积极推进煤炭清洁利用、海水综合利用。

（二）新一代信息技术产业。加快建设宽带、泛在、融合、安全的信息网络基础设施，推动新一代移动通信、下一代互联网核心设备和智能终端的研发及产业化，加快推进三网融合，促进物联网、云计算的研发和示范应用。着力发展集成电路、新型显示、高端软件、高端服务器等核心基础产业。提升软件服务、网络增值服务等信息服务能力，加快重要基础设施智能化改造。大力发展数字虚拟等技术，促进文化创意产业发展。

（三）生物产业。大力发展用于重大疾病防治的生物技术药物、新型疫苗和诊断试剂、化学药物、现代中药等创新药物，提升生物医药产业水平。加快先进医疗设备、医用材料等生物医学工程产品的研发和产业化，促进规模化发展。着力培育生物育种产业，积极推广绿色农用生物产品，促进生物农业加快发展。推进生物制造关键技术开发、示范与应用。加快海洋生物技术及产品的研发和产业化。

（四）高端装备制造产业。重点发展以干支线飞机和通用飞机为主的航空装备，做大做强航空产业。积极推进空间基础设施建设，促进卫星及其应用产业发展。依托客运专线和城市轨道交通等重点工程建设，大力发展轨道交通装备。面向海洋资源开发，大力发展海洋工程装备。强化基础配套能力，积极发展以数字化、人性化及系统集成技术为核心的智能制造装备。

（五）新能源产业。积极研发新一代核能技术和先进反应堆，发展核能产业。加快太阳能热利用技术推广应用，开拓多元化的太阳能光伏光热发电市场。提高风电技术装备水平，有序推进风电规模化发展，加快适应新能源发展的智能电网及运行体系建设。因地制宜开发利用生物质能。

（六）新材料产业。大力发展稀土功能材料、高性能膜材料、特种玻璃、功能陶瓷、半导体照明材料等新型功能材料。积极发展高品质特殊钢、新型合金材料、工程塑料等先进结构材料。提升碳纤维、芳纶、超高分子量聚乙烯纤维等高性能纤维及其复合材料发展水平。开展纳米、超导、智能等共性基础材料研究。

（七）新能源汽车产业。着力突破动力电池、驱动电机和电子控制领域关键核心技术，推进插电式混合动力汽车、纯电动汽车推广应用和产业化。同时，开展燃料电池汽车相关前沿技术研发，大力推进高能效、低排放节能汽车发展。

四、强化科技创新，提升产业核心竞争力

增强自主创新能力是培育和发展战略性新兴产业的中心环节，必须完善以企业为主体、市场为导向、产学研相结合的技术创新体系，发挥国家科技重大专项的核心引领作用，结合实施产业发展规划，突破关键核心技术，加强创新成果产业化，提升产业核心竞争力。

五、积极培育市场，营造良好市场环境

要充分发挥市场的基础性作用，充分调动企业积极性，加强基础设施建设，积极培育市场，规范市场秩序，为各类企业健康发展创造公平、良好的环境。

六、深化国际合作，提高国际化发展水平

要通过深化国际合作，尽快掌握关键核心技术，提升我国自主发展能力与核心竞争力。把握经济全球化的新特点，深度开展国际合作与交流，积极探索合作新模式，在更高层次上参与国际合作。

七、加大财税金融政策扶持力度，引导和鼓励社会投入

加快培育和发展战略性新兴产业，必须健全财税金融政策支持体系，加大扶持力度，引导和鼓励社会资金投入。

八、推进体制机制创新，加强组织领导

加快培育和发展战略性新兴产业是我国新时期经济社会发展的重大战略任务，必须大力推进改革创新，加强组织领导和统筹协调，为战略性新兴产业发展提供动力和条件。

为了加大战略性新兴产业人才培养力度，支持和鼓励有条件的高等学校从本科教育入手，加速教学内容、课程体系、教学方法和管理体制与运行机制的改革和创新，积极培养战略性新兴产业相关专业的人才，满足国家战略性新兴产业发展对高素质人才的迫切需求，教育部颁布《教育部办公厅关于战略性新兴产业相关专业申报和审批工作的通知》。其申报范围中，信息网络产业就包含了物联网技术，由此可以看出物联网工程这一专业的远大前景。截至 2011 年 6 月，已有 55 所高校获得教育部批准设立物联网工程专业。

本 章 小 结

物联网的发展是随着互联网、传感器等的发展而发展的。它的理念是在计算机互联网的基础上，利用射频识别技术、无线数据通信等技术，构造一个实现全球物品信息实时共享的实物互联网。十五年周期定律和摩尔定律预示物联网可能是继计算机、互联网、移动通信网之后的又一次信息产业浪潮。

在国家政策的推动下，企业、科技界积极参与其中，物联网起航的号角已经响彻大地，物联网世纪已经大踏步向我们走来。现在的物联网起步是艰难的，但是未来的物联网世界是光辉璀璨的、不可阻挡的。

习 题

1. 简述物联网的定义。
2. 简述物联网应具备的三个特征。
3. 简述信息浪潮 15 年定律的内容。
4. 解释名词：RFID；EPC。
5. 物联网的三大推动力分别是什么？
6. 国家提出的战略性新兴产业领域主要包括哪七个方面？

本章参考文献

[1] 钟义信，周延泉，李蕾. 信息科学教程. 北京：北京邮电大学出版社，2005.

[2] 孙其博，等. 物联网：概念、架构与关键技术研究综述. 北京邮电大学学报，2010.

[3] 物联网牵手云计算的"两大关键". 国脉物联网. http://news.im2m.com.cn/.

[4] 危机催生新技术 物联网发起突袭. IT 商业新闻网. http://www.itxinwen.com/.

[5] 物联网后危机时代的"救市主". http://digi.tech.qq.com/.

[6] UIT. ITU Internet Reports 2005：The Internet of Things[R]. 2005.

[7] 苏彬，范曲立，宗平，等. 物联网的体系结构与相关技术研究. 南京邮电大学学报：自然科学版，2009.

[8] 祝魏伟. 李国杰. 一场压抑已久的信息科学革命即将到来. 科技信息参考，2008.

[9]　物联网"推高"第三次信息浪潮. 中科院无锡微纳传感网工程技术研发中心. Http://www.gkong.com.

[10]　物联网技术及其标准. http://fiber.ofweek.com/2011-02/ART-210017-8300-28438159.html.

[11]　张晖. 物联网技术架构与标准体系. http://wenku.baidu.com/view/257f8a89d0d233d4b14e69e9.html.

[12]　梁炜, 曾鹏. 面向工业自动化物联网技术与应用. 仪器仪表标准化与计量, 2010.

[13]　杨霖. 物联网将成我国城市信息化发展的引擎. 国脉物联网. http://www.rfidworld.com.cn/.

[14]　物联网产业发展研究(2010). 通信网. http://www.cww.net.cn/.

[15]　物联网的本质是深度信息化. RFID 世界网. http://wlw.w010w.com.cn/.

第二章　物联网应用案例

物联网的本质就是深度信息化，信息化就是信息技术的普遍应用。物联网把新一代 IT 技术充分运用在各行各业之中，具体地说，就是把感应器嵌入和装备到电网、铁路、桥梁、隧道、公路、建筑、供水系统、大坝、油气管道等各种物体中，然后将"物联网"与现有的互联网整合起来，实现人类社会与物理系统的整合。在这个整合的网络当中，存在能力超级强大的中心计算机群，能够对整合网络内的人员、机器、设备和基础设施实施实时的管理和控制。在此基础上，人类可以以更加精细和动态的方式管理生产和生活，达到"智慧"状态，提高资源利用率和生产力水平，改善人与自然间的关系。

2010 年中国国际物联网博览会上发布的《2009—2010 中国物联网年度发展报告》称，2009 年中国物联网产业市场规模达 1716 亿元，预计 2010 年中国物联网产业市场规模将超过 2000 亿元。至 2015 年，中国物联网整体市场规模将达到 7500 亿元，年复合增长率超过 30%，市场前景将远远超过计算机、互联网、移动通信等。与此同时，工业和信息化部已将物联网纳入到"十二五"的专题规划，列为国家重点发展的五大战略性新兴产业之一，明确提出，要发展宽带融合安全的下一代国家基础设施，推进物联网的应用，并且物联网"十二五"规划已经锁定十大领域。下面简要介绍几个物联网的应用案例。

2.1　智　慧　城　市

2.1.1　智慧城市概述

智慧城市的起源可以追溯到"数字地球"。1998 年 1 月，时任美国副总统戈尔在一次演讲中首次提出了"数字地球"的概念，如图 2.1 所示。戈尔指出：我们需要一个"数字地球"，即一个以地球坐标为依据的、嵌入海量地理数据的、具有多分辨率的、能三维可视化表示的虚拟地球。

"数字城市"是"数字地球"的重要组成部分，是"数字地球"在城市的具体体现。随着城市的数量和城市人口的不断增多，城市被赋予了前所未有的经济、政治和技术的权力，从而使城市发展在世界中心舞台起到主导作用。预计 2020 年全球将有超过一半以上人口居住在城市，对资源的需求将不断上升，对生态环境的影响将进一步加剧。数字地球就是在城市的生产、生活等活动中，利用数字技术、信息技术和网络技术，将城市的人口、资源、环境、经济、社会等要素，以数字化、网络化、智能化和可视化的方式加以展现，本质上就是把城市的各种信息资源整合起来，用于监管城市、运营城市、预测城市。

图2.1 "数字地球"

数字化是数字城市发展的第一阶段。在这一阶段，数字城市实现了无纸化、自动化办公，同时网络基础设施建设完成。城市中关于政府、企业和市民的数据实现了计算机存储，但这只是初级阶段，因为数据没有得到有效的分类和管理，还不能称之为信息，更不可能成为有效的资源。

信息化是数字城市发展的第二阶段。政府信息化、产业信息化、领域信息化和社会信息化发展迅速，各个部门内部形成有效的信息系统。信息论把数据中有意义的内容称之为信息。在这一阶段，数据实现有效的分类、检索与存储，成为真正有意义的信息。同时，网络系统如Web、Grid、有线网络、无线网络、局域网和广域网加快建设，形成了合理的布局。这些信息基础设施又称为"信息高速公路"，道路已经铺设完成，不过上面没有运行的车流、人流和物流。

政府信息化是指运用现代信息通信技术，超越传统政府行政机关的组织界限，改变集中管理和分层结构，建立新型的扁平化网络结构的电子化政府管理系统，使人们从电子化支撑的不同渠道获得政府的信息及服务。政府间的信息系统包括电子法规政策系统、电子公文系统、电子司法档案系统、电子财务管理系统等。政府信息化过程中形成的基础数据库，包括自然资源和空间地理数据库、人口基础信息库、法人单位信息库以及宏观经济数据库，是数字城市的重要基础，是信息共享及运营管理的核心数据库。经过近20年的发展，除了不断完善上下级政府部门、不同政府部门的信息交互(G2G)之外，政府信息化还在不断完善政府对企业的电子政府(G2B)以及政府对公民的电子政务(G2C)。

企业信息化是指企业的全部基础设施(包括地上、地面及地下的)和功能(生产、销售、原料采购、售后服务、企业管理等)都由计算机及网络进行处理。以信息化带动工业化，带动传统产业升级，能够有效扩大生产规模，提高生产效率。管理信息技术包括ERP、CRM、SCM等在企业管理中的重要性毋庸置疑，与此同时空间技术的应用也受到越来越多的关注，如GPS、GIS以及RS技术等，通过空间分析可实现资源的最优配置。此外，数字服务业包括电子商务、电子金融和电子物流等，也是企业信息化的重要组成部分。

领域信息化主要是指不以营利为目的的事业部门的信息化，又称为事业信息化，主要涉及测绘、气象、水文、海洋、土地和环保部门等。这些部门的信息化成果也是核心数据库的重要组成部分。

社会信息化是以计算机信息处理技术和传输手段的广泛应用为基础和标志的新技术革命，主要涉及教育、科技、文化、医疗卫生、社会保障等方面，是数字城市中与市民切身利益相关的最直观、最前端的信息化，是改变居民生活方式、改善居住环境的直接体现。

2.1.2　智慧城市

随着传感网等互联互通新技术的应用，城市信息化正向着智能化演进。随着传感器网络技术的发展，可以预期，未来城市中传感器网络无处不在，它将成为和移动通信网络、无线互联网一样重要的基础设施。它将作为智能城市的神经末梢，解决智能城市的实时数据获取和传输问题，形成可以实时反馈的动态控制系统。同时，经过网络对传感器网络的进一步组织管理，形成具有一定决策能力和实时反馈的控制系统，将物理世界和数字世界连接起来，为智能城市提供普适性的信息服务提供了必要的支撑。因此，在可以预见的将来，从目前社会过渡到网络社会之后，城市也将从目前的工业城市和数字城市走向智慧城市。图2.2展示了智慧城市的几个基本应用。

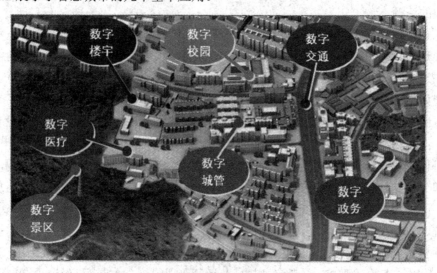

图2.2　智慧城市概况

智慧城市是充分利用数字化及相关计算机技术和手段，对城市基础设施与生活发展相关的各方面内容进行全方面的信息化处理和利用，具有对城市地理、资源、生态、环境、人口、经济、社会等复杂系统的数字网络化管理、服务与决策功能的信息体系。智慧城市能够充分运用信息和通信技术手段感测、分析、整合城市运行核心系统的各项关键信息，从而对包括民生、环保、公共安全、城市服务、工商业活动在内的各种需求做出智能的响应，为人类创造更美好的城市生活。智慧城市并不是数字城市简单的升级，智慧城市的目标是更透彻的感知、更全面的互联互通和更深入的智能。

(1) 更透彻的感知——物联化(Instumented)：通过城市宽带固定网络、无线网络、移动通信网络、传感器网络把属于城市的组件连接起来，从而帮助用户从全局的角度分析并实时解决问题，使得工作、任务的多方协同共享成为可能，城市资源更有效地得到分配，并彻底改变城市管理与运作的方式。

(2) 更全面的互联互通——互联化(Interconnected)：通过管理体制的改善，确立信息系统的层次性，从而促进分布在城市不同角落的海量数据的流转、交换和共享，为应用提供良好的协同工作环境。通过数据的交换共享，使得城市的各职能部门不再是信息孤岛，将更高效地协同运作，从而推动城市管理的良性循环。

(3) 更深入的智能——智能化(Intelligent)：以城市海量的信息资源为基础，通过全面的物联和高效的共享，运用先进的智能化技术实现识别、预测和实时分析处理，使得城市运行管理中的人为因素降低，在提高城市资源利用效率的同时，保障了信息的公开和管理的公平。

概括起来说，智慧城市与数字城市的主要区别是：

一是关注点不同。在数字城市阶段，人们关注的是信息的采集和传递；在智慧城市阶段，人们更多关注的是信息的分析、知识或规律的发现以及决策反应等。

二是目标不同。数字城市以电子化和网络化为目标；智慧城市则以功能自动化和决策支持为目标。

三是实质不同。数字化的实质是用计算机和网络取代传统的手工流程操作；智慧化的实质则是用智慧技术取代传统的某些需要人工判别和决断的任务，达到最优化。

四是结果不同。数字化的结果是数据的积累和传递；智慧化的结果是数据的利用和开发，用数据去完成任务，去实现功能。如果说数据是信息社会的粮食，那么智慧技术则是将粮食加工成可用食品的工具。

1. 什么是智慧城市

智慧城市的总体目标是以科学发展观为指导，充分发挥城市智慧型产业优势，集成先进技术，推进信息网络综合化、宽带化、物联化、智能化，加快智慧型商务、文化教育、医药卫生、城市建设管理、城市交通、环境监控、公共服务、居家生活等领域建设，全面提高资源利用效率、城市管理水平和市民生活质量，努力改变传统落后的生产方式和生活方式，将城市建设成为一个基础设施先进、信息网络通畅、科技应用普及、生产生活便捷、城市管理高效、公共服务完备、生态环境优美、惠及全体市民的智慧城市。

智慧城市的构建涵盖了智慧基础设施、智慧政府、智慧公共服务、智慧产业和智慧人文等五个方面。

(1) 智慧基础设施：智慧的基础设施包括信息、交通和电网等城市基础设施。现代化的信息基础设施就是要不断夯实信息化或智能化发展的基础设施和公共平台，让市民充分享受到有线宽带网、无线宽带网、3G 移动网、无线宽带网以及智能电网等带来的便利。此外，还要整合城市周边的交通环境资源，实现出行成本更低廉、更便捷，形成智慧交通框架。

(2) 智慧政府：政府要逐步建立以公民和企业为对象、以互联网为基础、多种技术手段相结合的电子政务公共服务体系。重视推动电子政务公共服务延伸到街道、社区和乡村。加强社会管理，整合资源，形成全面覆盖、高效灵敏的社会管理信息网络，增强社会综合治理能力，强化综合监管，满足转变政府职能、提高行政效率和规范监管行为的需求，深化相应业务系统建设。要加快推进综合政务平台和政务数据中心等电子政务重点建设项目，完善城市管理、城市安全和应急指挥等若干与维护城市稳定和确保城市安全运行密切相关的信息化重点工程，使城市政府的运行、服务和管理更加高效。

(3) 智慧公共服务：完善、高效的城市公共服务是智慧城市的出发点和落脚点。智慧城市公共服务涉及智慧医疗、智慧社区服务、智慧教育、智慧社保、智慧平安和智慧生态等方面。其中，智慧医疗是构建智慧城市关注民生的重要内容。它是一个依托现代电子信息技术和互联网，以信息丰富完整、跨服务部门为基础、面向患者的系统工程，它将使整个社会的医疗资源得到更充分、更合理的利用，为城市医疗带来革命性的变化。此外，要全面推进市民卡、食品药品安全监管、社会治安综合治理智能化、绿色生态智慧化等一系列惠民的智慧手段的实施，营造一个安全、和谐、便捷的智慧型人居环境。

(4) 智慧产业：智慧城市孕育智慧产业，智慧产业托起智慧城市。对于城市而言，智慧产业当属软件和信息服务业。要坚持政府引导、企业为主体、市场为导向的发展原则，重点支持软件和信息服务为主的智慧产业发展，将智慧产业作为智慧城市的战略推进器，引领城市的创新发展。此外，还应大力发展包括电子信息、现代物流、金融保险、咨询顾问等在内的先进制造业和现代服务业，形成智慧城市完整的智慧产业群。全球互联网技术正在不断升级，传感网和物联网方兴未艾，要力争突破传感网、物联网的关键技术，超前部署后IP时代的相关技术研发，使信息网络产业成为推动产业升级、迈向信息社会的“推进器”。

(5) 智慧人文：提高城市居民的素质，造就创新城市的建设和管理人才，是智慧城市的灵魂。要充分利用城市各高校、科研机构和大型骨干企业等在人才方面的资源优势，为城市构建智慧城市提供坚实的智慧源泉。要完善创新人才的发现、培养、引进和使用机制，切实营造“引得进、育得精、留得住、用得好”的人才环境。同时，要通过有效举措，鼓励市民终身学习，通过各种形式，营造学习型城市的良好氛围，树立城市特有的智慧人文的良好形象。要努力挖掘和利用城市历史文化底蕴，梳理并开发现实文化资源禀赋，增强智慧城市的文化含量，把创新、创业、创优的现代城市市民精神与智慧城市整合，突出大文化、大智慧，丰富智慧城市的内涵。

华为公司在智慧城市的研究中走在了世界的前列，在五个方面的基础上推出了自己的智能城市愿景。华为智慧城市愿景简单来说就是城市的信息化和一体化管理，是利用先进的信息技术随时随地感知、捕获、传递和处理信息并付诸实践，进而创造新的价值。华为智慧城市平台主要由数字政务、数字产业和数字民生三个基础部分组成。在三个重要组成部分的基础上，分支出了政府热线、数字城管、平安城市、数字物流、智能交通、数字社区、数字校园等应用，涵盖了 e-Home、e-Office、e-Government、e-Health、e-Education、e-Traffic等方面。智慧城市的全景图如图2.3所示。从范围上讲，Smart City 可以是开发商开发的一个小区、城市中的一个经济开发区，也可以是一座城市甚至一个国家；既可以是新城新区，也可以是经过信息化改造的旧城区。

图 2.3 智慧城市全景图

2. 智慧城市的架构

1) 智慧城市整体架构

智慧城市的构架可以分为四个部分：感知层、网络层、平台层、应用层，如图 2.4 所示。一个人体的模型可以用来比喻智慧城市的整体架构，如图 2.5 所示。智慧城市就好比站立在地球上的一个人，整体构架可以分为四个层次：

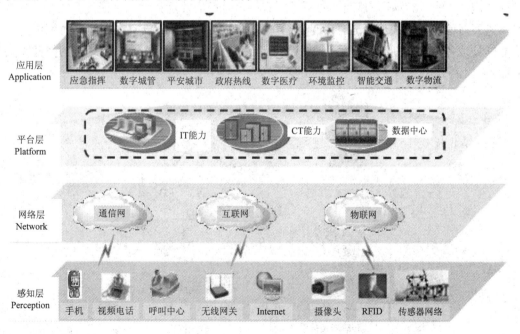

图 2.4 智慧城市整体框架

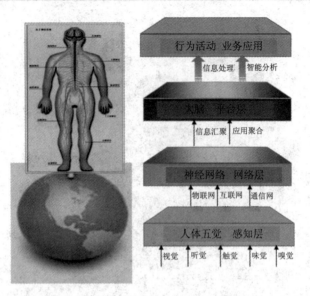

图 2.5　基于人体模型的智慧城市架构

　　第一个层次是人体五觉——感知层。人体通过五觉感知变化和刺激,而智慧城市通过感知层收集各类信息。智慧城市的感知层主要通过无线传感器网络实现,因此,无线传感网(WSN)是智慧城市的神经末梢,是智慧城市的最后一公里。无线传感网是指把随机分布的集成有传感器、数据处理单元和通信单元的微小节点,通过自组织的方式构成无线网络。无线传感网主要通过遥感、地理信息系统、导航定位、通信、高性能计算等高新技术对城市各方面的信息进行数据采集和智能感知,将得到的信息通过网络传递到高性能计算机中进行处理,如图 2.6 所示。然而,并不是所有的信息都需要汇集到高性能计算机中,某些情况下需要对信息作出快速反应,就像人体的膝跳反射一样。所以,在无线传感网中建立一些能够处理各种应急情况的神经元是智慧城市建设的关键。感知层中神经元的搭建主要是通过 M2M 终端/网关来完成的。

图 2.6　无线传感网示意图

第二个层次是神经网络——网络层，如图 2.7 所示。网络层主要实现更广泛的互连功能，能够把感知层感知到的信息无障碍、高可靠性、高安全性地进行传送。网络层由通信网、互联网和物联网组成，与神经网络的层次相符合。通信网主要是指目前各城市使用的移动通信网，如手机、视频电话、呼叫中心等使用的网络。互联网则是指基于 Internet 以及云的网络。物联网则是指以 M2M 技术为基础的网络。通过将这三张基础网络以实现智慧城市中 anytime(任何时候)、anyone(任何人)、anywhere(任何地方)、anything(任何东西)的连接，为大脑的处理提供了稳定的传输环境。

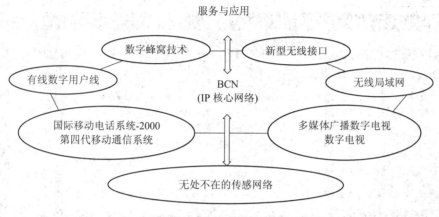

图 2.7　智慧城市的神经网络

第三层就是大脑——平台层。智能城市的大脑是 IDC(Internet Data Center，互联数据中心)和 VAE(Vertical Application Environment，垂直应用环境)平台。IDC 的任务是完成智慧城市中各种信息的汇聚。信息的汇聚主要涉及统一网络接入、智能数据处理和高效信息共享三个方面。网络的接入主要是指"大脑"和网络层的信息交换。由于网络层中传输的网络分为三张大网，为了能使"大脑"能从网络层中获取信息，就需要针对三种网络提出统一的接入方式。从网络层得到了信息，就需要对信息进行智能数据处理。智能数据处理主要包括数据分析、数据处理和数据存储。简单地讲，智能数据处理就是将原始数据通过数据汇聚、信息分析，形成有价值的信息，并将其存储在数据仓库中，为城市的智能化提供支撑。高效的信息共享主要实现数据仓库中数据的分层、分级安全共享。平台层为智慧城市的数据支撑，可为业务应用层提供真实的基础数据支持。VAE 平台对智慧城市的应用进行集成，形成统一的框架系统，智慧城市中的各个系统围绕着框架系统展开，从而实现了智慧城市的有序规划。应用集成包括规模应用聚集、快速应用协同和全面应用整合。

第四层就是行业活动——业务应用层。业务应用层通过大脑的信息处理和智能分析，形成对智慧城市各领域应用的具体解决方案。业务应用涵盖了应急指挥、数字城管、平安城市、政府热线、数字医疗、环境监测、智能交通和数字物流等方面。这些应用领域主要是智慧城市全景中的内容，是智慧城市运作的具体体现。

2) 智慧城市平台架构

智慧城市平台的一般架构如图 2.8 所示。

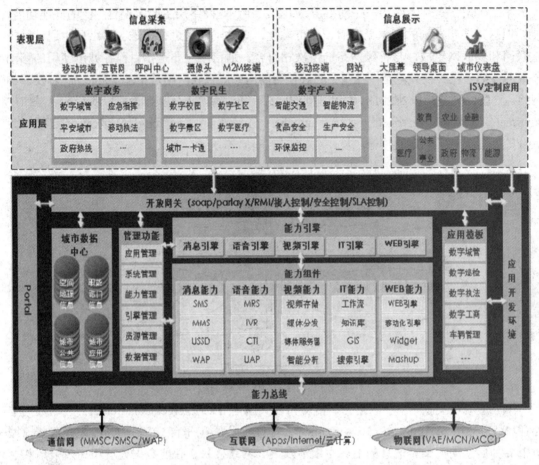

图 2.8　智慧城市平台架构

智慧城市平台主要基于面向服务(SOA)的 ICT(Information Communication Technology,信息与通信技术)集成框架来实现智慧城市。ICT 就是通过信息与通信技术，用以满足"客户综合信息化需求"的一揽子解决方案，包括通信、信息收集、发布、传感、自动化等各个方面。

智慧平台主要具备以下核心能力：

(1) 快速的应用提供能力：通过应用模板、能力引擎，基于工作流引擎的开发环境，提供应用快速交付能力。

(2) 第三方系统集成能力：定义标准接口，支持多层次集成——数据集成、能力集成、应用集成。

(3) 数据统一分析能力：城市仪表盘可为决策者提供统一的城市数据分析视图。

(4) 系统资源共享能力：通过对数字城市应用所使用系统资源的虚拟管理，提高系统资源的利用率。

(5) 统一硬件/存储/安全方案：硬件采用具有高安全性，高可用、可靠集群，高可扩展性，易管理易维护，低环境复杂度，低整合难度的方案；应用各种存储技术搭建统一的存储平台，同时采用高性价比的存储整合技术；网络安全方案对业务系统网络基础架构进行分析优化，按结构化、模块化、层次化的设计思路进行结构调整优化，以增加网络的可靠性、可扩展性、易管理性、冗余性。

(6) 系统平滑演进能力：架构的平台能够在硬件、能力以及应用上实现自由扩展。同时，智慧城市平台支持分期建设，系统可成长、可持续发展。

2.1.3 物联网与智慧城市

智慧城市是一个有机结合的大系统，涵盖了更透彻的感知、更全面的互联、更深入的智能。其中，物联网是智慧城市中非常重要的元素，它支撑着整个智慧城市系统。

物联网为智慧城市提供了坚实的技术基础。物联网为智慧城市提供了城市的感知能力，并使得这种感知更加深入、智能。通过环境感知、水位感知、照明感知、城市管网感知、移动支付感知、个人健康感知、无线城市门户、跟踪定位感知、智能交通的交互式感知等，智慧城市才能实现市政、民生、产业等方面的智能化管理。物联网的主要目标之一是实现智慧城市，许多基于物联网的产业和应用都是服务于智慧城市的主流应用的。换句话说，智慧城市是物联网的靶心。

物联网与智慧城市的关系如图2.9所示。

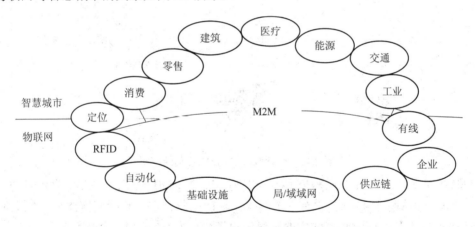

图2.9 物联网与智慧城市的关系

物联网与智慧城市最直观的联系就是M2M。M2M(Machine/Man to Machine/Man)是一种以机器智能交互为核心的、网络化的应用与服务。简单地说，M2M是指机器之间的互联互通。广义上来说，M2M可代表机器对机器、人对机器、机器对人、移动网络对机器之间的连接与通信，它涵盖了所有实现在人、机器、系统之间建立通信连接的技术和手段。M2M技术综合了数据采集、GPS、远程监控、通信、信息等技术，能够实现业务流程的自动化。M2M技术使所有机器设备都具备连网和通信能力，它让机器、人与系统之间实现了超时空的无缝连接。

M2M技术在智慧城市最典型的应用就是M2M终端。M2M终端构成了智慧城市的神经元。智慧城市的神经元包括感觉神经元、运动神经元、中间神经元。图2.10描述了智慧城市中M2M终端的应用。感觉神经元完成信息的感知，并将信息传递给城市神经网络。运动神经元将通过智慧城市神经网络传递来的信息传递给终端执行单元。中间神经元介于感觉神经元和运动神经元之间。中间神经元的信息来源主要有两部分：感觉层信息和大脑传来的信息。中间神经元对感觉层的信息进行过滤，一部分传递给大脑，另一部分经处理直接传递给运动神经元；大脑传来的信息则直接传递给运动神经元。

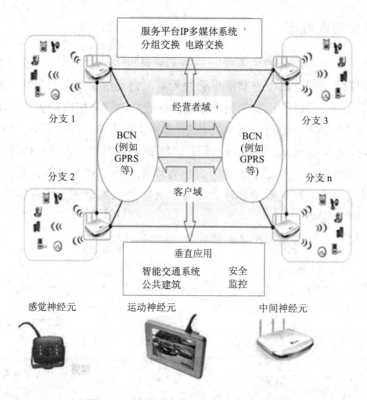

图 2.10　智慧城市中 M2M 终端的应用

　　物联网的支撑技术融合了 RFID(射频识别)、WSN/ZigBee、以 MEMS 为代表的传感器技术、智能服务等多种技术。它有三个层次：物联网感知层、物联网网络层、物联网应用层。而 IBM 在多年的研究积累和实践中提炼出了八层的物联网参考架构：

　　① 传感器/执行器层；

　　② 传感网层；

　　③ 传感网关层；

　　④ 广域网络层；

　　⑤ 应用网关层；

　　⑥ 服务平台层；

　　⑦ 应用层；

　　⑧ 分析与优化层。

　　除此之外，一个信息化网络的建立必须要有一定的技术支持，物联网的技术支持就包括 RFID 技术、WSN 技术、组网技术、MEMS 技术等，这些技术构成了物联网智能空间技术和网络终端技术两大技术范畴。

2.2　智慧校园

2.2.1　智慧校园概述

智慧校园的建设旨在提高校园信息服务和应用的质量与水平，建立一个开放的、创新的、协作的和智能的综合信息服务平台。通过综合信息服务平台，教师、学生和管理者可以定制基于角色的个性化服务，全面感知不同的教学资源，获得互动、共享、协作的学习、工作和生活环境，实现教育信息资源的有效采集、分析、应用和服务。

1. 数字化校园的发展历程

随着高校信息化建设的不断推进，信息服务在学校教学、科研与管理中的作用越来越大，我们生活的校园也在不断发生变化，数字化校园的建设也在不断前进。

多媒体中控机的出现简化了多媒体设备的使用，提高了设备使用寿命，增强了教学效果，加快了多媒体教学的发展，如图 2.11 所示。

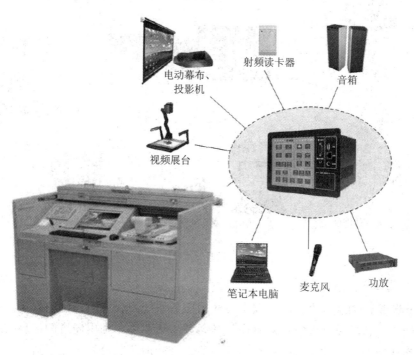

图 2.11　多媒体中控机

多媒体中控机特别是网络中控技术的应用促进了多媒体教学的发展，由传统的单一控制到网络协控，由个体控制到集中控制，既节省了人力，共享了资源，又具有维护及时、全面统计和远程诊断协助的功效，方便而快捷。

此外还有校园一卡通、网络电视技术、安防报警系统、网络多媒体教学系统、排课系统以及网络录播系统等，都是现阶段的数字化校园的成果。但是，我们还期望寻找到一种更加直观、简单、智能、方便的技术与以上取得的技术应用联系起来,这就需要平台融合技术。

随着传感网等互联互通的新技术的发展与应用,校园信息化正向着智能化演进,校园也将从数字化校园走向智能化校园。

信息平台融合技术是以教学资源为中心,校园网络为基础,实现校园综合信息平台的可视化、数字化、网络化、智能化,如图 2.12 所示。它具有统一的教学平台、管理平台、数据平台,并且统一发布信息和统一认证身份。

信息管理平台的融合揭开了数字化校园的新篇章。

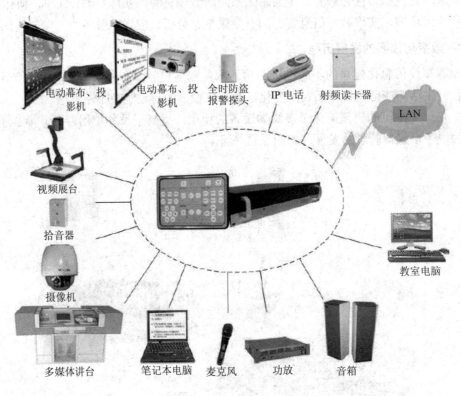

电动幕布、投影机　　电动幕布、投影机　　全时防盗报警探头　　IP 电话　　射频读卡器　　LAN

视频展台

拾音器

摄像机

教室电脑

多媒体讲台　　笔记本电脑　　麦克风　　功放　　音箱

图 2.12　信息平台融合技术

2. 什么是智慧校园

智慧校园是以物联网为基础,以各种应用服务系统为载体而构建的教学、科研、管理和校园生活为一体的新型智慧化的工作、学习和生活环境,利用先进的信息技术手段,实现基于数字环境的应用体系,使得人们能快速、准确地获取校园中人、财、物和学、研、管业务过程中的信息,同时通过综合数据分析为管理改进和业务流程再造提供数据支持,推动学校进行制度创新、管理创新,最终实现教育信息化、决策科学化和管理规范化;通过应用服务的集成与融合来实现校园的信息获取、信息共享和信息服务,从而推进智慧化的教学、智慧化的科研、智慧化的管理、智慧化的生活以及智慧化的服务的实现进程。

智慧校园是信息技术的高度融合、信息化应用的深度整合、信息终端广泛感知的网络化、信息化和智能化的校园。

智慧校园的发展历程如图 2.13 所示。

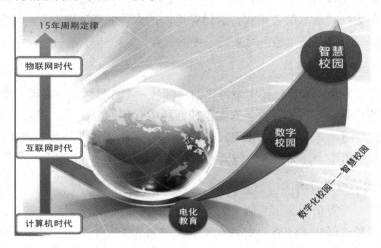

图 2.13 智慧校园的发展历程

智慧校园是多域融合共享和泛在的智慧服务，它能实现多域间资源及其业务的融合和共享，并能实现无所不在的信息服务综合化和智慧化。

2.2.2 智慧校园的架构与技术核心

智慧校园的架构分为三个方面。首先，是无处不在的、便捷的上网环境；其次，是要拥有一个数据环境，就是云计算环境、存储环境；再次，要拥有一个系统(物联系统)接入——支持各种智能终端、设施、设备联网的环境。

智慧校园的初想是由校园一卡通、校园交通、校园水电、校园多媒体教学、校园安全监控、校园设备感知管理等构成的。通过校园宽带固定网络、无线网络、移动通信网络、传感器网络把属于校园的这些组件连接起来，从而帮助用户从全局的角度分析并实时解决问题，使得工作、任务的多方协同共享成为可能，校园资源更有效地得到分配，并彻底改变校园的管理与运作方式。

1. 智慧校园的网络环境

智慧校园的网络环境主要分为：接入网，方便师生上互联网；教学网，支撑教学活动；科研网，支撑科研活动；资源网，支撑资源汇聚和传播活动；智能网，支撑和谐、生态校园建设。

接入网的特点是无线为主，有线专用，移动网络作为补充。

教学网的特点主要是高速、QOS、支持高清多媒体传输。

科研网的特点则是技术先进、专用网络、灵活可控。

资源网的特点是大容量、高带宽、安全、冗余可靠，总体功能是为海量资源存取提供高速、稳定、安全的网络环境。

智能网的特点是覆盖广泛、接入灵活。

2. 智慧校园的数据环境

智慧校园的数据环境主要采用云计算环境,因为云计算服务平台可使量化、科学的决策成为可能。作为一种信息服务模式,云计算可以把大量的高度虚拟化的计算和存储资源管理起来,组成一个大的资源池,用来统一提供服务。

3. 智慧校园的物联环境

物联感知系统是整个智慧校园中最可见的一部分,该系统利用传感器、采集器、RFID、二维码、视频监控等感知技术和设备来实现校园环境管理的数字化。首先,部署传感器等数据采集设备并联网。其次,利用 RFID、二维码等技术标识校园环境。再次,构建校园环境信息数据库和应用平台,面向各种校园智能物联网络应用。

4. 智慧校园的技术方法

信息系统是一个提供全面信息服务的人机交互系统,信息应用系统的功能是通过服务来体现的。与智慧校园相关的外部实体主要是人和物件。人是面对智慧校园的服务请求者或服务受用者,物件是智慧校园的管理对象和信息对象。

智慧校园的技术方法主要有以下几个方面:

1) 信息规范与标准

信息化标准是智慧校园建设的基础内容,用以支撑教育资源共享,保证各种系统之间进行信息交换和互操作能力。智慧校园中由于编码对象复杂,单一的一个编码方法无法支持整个智慧校园的运行,因此,必须建立一套行之有效的编码标准体系,研究针对不同应用的最为科学的编码方案。智慧校园的标准化工作主要包含:基于国标、部标,形成全校的编码标准和各种编码策略的互联互通,实现统一的编码解析机制;确定权威数据来源,分析并制定全校的数据交换策略规则,形成数据交换标准;制定校内应用系统的开发技术标准、数据标准、接口标准、性能标准、安全标准等,形成应用系统规范;基于对学校管理和服务流程的分析和梳理,确定信息化的作业流程,形成业务流程规范;配套管理工具为完善管理能力提供支撑,为高校信息标准的建设提供管理保障。

2) 统一的基础设施平台

智慧校园需要解决 T2T、H2T 和 H2H 之间的相互通信与信息交互,无线的末端接入手段是必要条件。建立有线/无线双覆盖的网络环境,是实现泛在的感知信息接入和多源信息互联的前提,也是智慧校园的重要基础设施。

3) 共享数据库平台

建立共享数据库平台的主要任务是建设统一身份认证平台和综合信息服务平台。建立安全高效、统一共享的数据中心;规范信息从采集、处理、交换到综合利用的全过程,逐渐形成有效的信息化管理的运行机制,为学校领导和有关部门的信息利用、分析决策提供支持。统一身份认证平台通过提供统一的授权机制与方便安全的口令认证方法,让用户使用单一用户名和口令就可以使用校园网络上所有授权使用的信息服务,实现网络单点登录或手机认证登录。信息门户是将校内分散、异构的应用和信息资源进行聚合,实现各种应用系统的无缝接入和集成，提供一个支持信息访问、传递以及协作的集成化环境，实现个性化业务应用的高效开发、集成、部署与管理。向用户展现智慧校园的服务信息，有效地整合各类应用之间的缝隙，使用户获取相互关联的数据，进行相互关联的事务处理。

4) 基于多网融合的新型网络监控与管理系统

现有的校园网络环境是多样化的，各个网络提供专业化的服务，面向专门的用户群体，服务环境是分割的。从面向服务的角度出发，可通过建立网络融合平台，在应用层面上融合服务，实现异构信息资源的高度共享与统一监控与管理。

5) IC 卡与手机融合的综合校园卡应用系统

运用一卡通和智能 SIM 卡技术将各个系统应用与移动终端及校园 IC 卡结合起来，实现身份标识、身份认证与消费等功能为一体的智慧校园卡服务扩展平台，实现手机终端以及校园信息服务系统的融合，以手机作为独立服务终端来请求服务或受用服务，支持泛在的感知与泛在的服务机制。校园卡授权用户可以"一键式"的方式完成身份识别和认证，申请和获得智慧校园的融合服务。

6) 面向信息服务的各类应用系统

应用系统建立在数据库之上，数据库是面向应用领域的。面向领域的主题数据库由各个领域内的数据构成，反映该领域内的数据属性和数据之间的关系。主题数据库的数据责任制由该领域的管理者负责。重要的一点是，主题数据库是稳定的，主题数据库内的数据由两个数据集组成，一个数据集为解决领域内需求的数据集，另一个数据集为领域外需求服务的数据集，而且这两个数据集是相交的，也是缺一不可的。应用系统设计应该面向教师、学生和管理流程。主动信息服务机制提供了新的主动服务模式，通过规则的预定义，能够有效地解决面向物件的信息推送服务，真正发挥信息系统的不可或缺作用。

7) 物联网应用体验项目

体验物联网应用技术对高校学习、研究、管理与生活等的积极影响。我们目前已经实现或正在研发的主要应用项目有：结合 RFID 和 WIFI 技术，实现了固定物件或移动物件的标识与跟踪定位；采用 CPS 和 SmartThing 技术，实时感知仪器设备的状态，提供远程控管的能力；采用 GPRS 技术，实时感知校车内外场景和移动定位；采用视频技术，感知教学场景；采用 WSN 手段，实现低碳、绿色的校园环境等。

8) 三维可视化虚拟校园

虚拟现实是复制、仿真现实世界，构造近似现实世界的虚拟世界，用户可通过与虚拟世界的交互来体验现实世界，甚至影响现实世界。虚拟校园建设的目的是提供一个感知环境，来体验校园、体验教学环境和体验教学设施，将虚拟世界与现实世界融为一体，在网络环境下置身处地"感受"学校，并在此基础上实施虚拟教学环境与虚拟实验室。用户可以在虚拟环境中获取其在真实环境中的部分或者全部功能，实现一个无疆域的虚拟大学。

另外，智慧校园的技术还具有支持信息相关性分析挖掘，改变信息传送机制，支持多媒体教学管理、观摩及即时评估，支持系统可扩展框架，支持多种教学资源，支持多种设备，支持位置感知敏感性等特点。

5. 智慧校园终端

智慧校园终端设备的选取和应用是多样的，如智能手机、平板电脑以及专用的手持终端和其他网络设备等，如图 2.14 所示。这样可使用户高度自由自主的操控，既方便又快捷，上手容易，操作简单，使得用户对整个校园的情况了如指掌，感到服务无处不在。

图 2.14　智慧校园终端

同时，还要介绍一下校园终端技术中的 AVCare 可视化网络综合信息管理平台。该平台通过互联网连接到校园的各种终端设备，如校园安全监控、校园多媒体设备、校园一卡通、网络视频、设备感知终端、校园水电、校园门禁、校园交通等终端。图 2.15 所示为智慧校园应用平台。

图 2.15　智慧校园应用平台

该平台的搭建与校园其他终端设备相匹配，且操作起来十分简单和直观。校园终端技术还采用协同操作的方法来实现智能中控，如总线技术、协同通信技术、排队决策技术、感知/定位技术、冗余技术、可编程人机控制接口技术、标准互联技术、云计算处理技术等现阶段的先进技术。图 2.16 所示为智能教室的各相关系统组成。

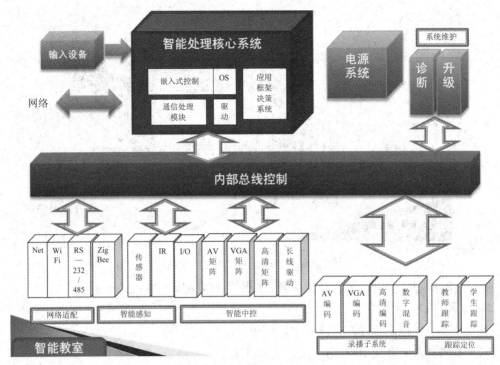

图 2.16 智能教室

终端技术融合系统架构设计有模块化、可重用性、可扩展性、简单性、可维护性等特点。模块化是指把控制划分为多个模块和组件，各自分开开发；可重用性是指核心软硬件模块可被重用，这样可以减少冗余开发；可扩展性是指核心系统中可增加新的组件，即增加新的功能；简单性是指核心协同处理复杂流程，简化了组件的开发；可维护性是指组件的开发、维护、更换简单、方便。

良好的设备兼容性也是该设备终端必不可少的功能之一。终端要依靠智能处理核心系统处理来自 IC 卡、红外、视频、控制、音频、流媒体编码器、传感器、存储等设备的信号，指令是一个巨大的复杂的过程。因此，该终端必须具有良好的设备兼容性，才能将信息和指令更快、更好、更高效地加以处理与完善。

全面的事件统计是该设备终端具有的重要功能，具体包括人员操作统计、设备故障统计、运行日志、设备适用统计、远程控制统计、设备报警统计等多个功能。

图 2.17 所示为 i Campus 系列智能教室工作站，作为设备终端，其工作特点如下：

(1) 硬件模块化、积木式，可灵活搭配。

(2) 软件分层，多队列处理，开放 API，持续扩展。

(3) 双冗余，工业级，高可靠。

(4) 设计新理念，智能与控制分离，高工作效率。

(5) 深度感知，综合决策。

(6) 符合《多媒体教学环境标准》，互联互通，广泛兼容。

(7) IEEE 802.11N，支持未来无线宽带校园。

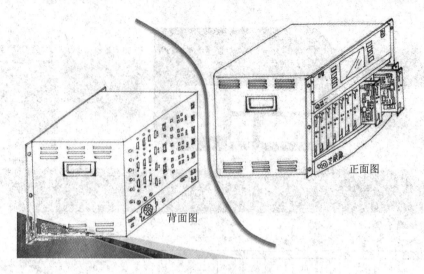

图 2.17　i Campus 智能教室工作站

(8) ZigBee、3G 模块，无缝对接"智慧校园"物联网。

(9) 远程升级，无后顾之忧。

(10) 数字、模拟混合存在，满足不同应用需求。

(11) 无线宽带、有线 1000 M，光纤传输可选。

(12) 全面记录运行日志，提供可靠数据。

(13) 简化开发，易维护，可扩展。

(14) 操作界面可编程，满足个性化需求，如图 2.18 所示。

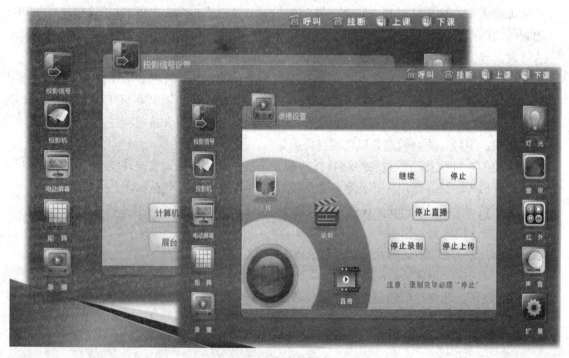

图 2.18　i Campus 可编程操作界面

2.2.3　智慧校园的深化应用

1. 无线设备管理平台

无线设备具有设备离位提醒、设备追踪、设备巡回提醒、设备状态检视、设备维护管理、设备使用统计等多个功能。

无线设备管理平台的界面如图 2.19 所示。

图 2.19　无线设备管理平台

2. 实训室设备管理

通常被监控设备分为四大类：场地固定配套设备，如空调、照明设施、投影仪等；仪器仪表，如示波器、电源、信号发生器等；智能产品，如电脑等；场地环境参数，如温/湿度、门禁系统等。仪器设备感知管理包括设备运行状态监测、设备使用管理、设备维护管理、设备移位提醒及远程辅助控制等。

3. 地磁感应车辆防盗系统

图 2.20 所示为地磁感应车辆防盗系统。正常情况下埋在停车场附近的地磁感应设备和路边的无限射频接收设备都在不停检测是否有车辆进出。若地磁感应设备感应到信号，由于车内有记录相关信息的射频卡，无线射频接收装置也可感应到信息，并将其传给计算机进行资料核实，若信息合法，则显示设备显示当前车辆进入的时间并带动栏杆升起，车辆通过。与早期的车辆出入监控系统

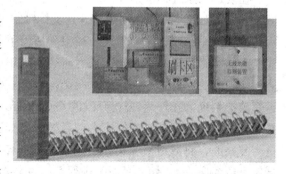

图 2.20　地磁感应车辆防盗系统

相比，该系统出入口车道能自动开启，车辆进出时间应有显示，可严格控制各种类型车辆的进出行为，防止车辆被盗。

智慧校园如同一切新生事物一样，都有一个必然的发展阶段，相关问题的解决推动了智慧校园应用的不断优化。随着智慧校园的研发与部署，对学校信息化建设产生了积极的影响，促进了学校核心竞争力的提高，从而可以获得更透彻的感知，即利用任何可随时随地感知、测量、捕获和传递信息的设备、系统或流程，快速获取学习、研究与管理活动中的基本信息并进行分析，能够有效采取应对措施和部署长期规划；可以获得更全面的互联互通，即通过互联网、3G 等网络通信技术，对分散储存的数据进行交互和共享，从而更好地对环境和业务状况进行实时监控，从学校角度准确把握全局状态和统一数据；可以获得更深入的智能化，即深入分析感知的信息，以获取更加新颖、系统、全面的洞察力来提供信息化服务。

2.3　老年人用物联网信息终端

随着生活水平的不断提高以及城市老龄化比例的提高，人们越来越关注健康问题，医疗检测设备的家庭化逐渐成为了趋势。在中国，60 岁以上的老年人及不能独立生活的人口占全国总人口的 10%。这些老年人和残障人士需要大量的看护服务。从某种意义上讲，如何对老年人和残障人士进行全方位的服务是社会进步和文明的表现，是摆在当今人们面前的一个重要课题。

目前，国内在独居老人远程监护方面的研究还不多。我国某大学在 2001 年实现了独居老人行动分析及异常报警系统，利用检测到的信号，主动判断老人的状况，对实现独居老人的照顾进行了尝试。由于系统采用单片机进行计算，只能进行比较简单的算法，系统的智能性较低。我国另一所大学图像分析与机器智能实验室提出并实现的家庭远程医疗监护报警和咨询智能系统，由于采用了家庭医疗监护仪、可控万向云台等设备，其成本较高，主要针对病人监护。另外一些大学研制的老人监护系统对监护信息的传送进行了探索。现今在社区推广的"一按铃"系统可直接接通 120 急救中心，老人感觉身体不适时，按下"一按铃"，急救中心网络就会准确显示出求助者的位置，立即打电话回访，并通知其子女。如果电话无人接听，工作人员将立即赶往现场，对求助者进行救治。

在发达国家，特别是美国、日本，近些年，有许多大学和研究机构在政府和社会的支持下开展了对这一课题的研究工作。美国维吉尼亚大学于 2002 年开展了智能居所监护系统的研究，该系统通过在卫生间、浴室和褥子下面安装感应器以获取老人活动，实现针对不同老人的实时监护。日本国立长寿研究所老年学部也提出了一种针对老人的无监督的健康监护实现方法。另外，法国的系统结构分析实验室也正在研究针对独居老人的多感应器的远程监护系统。美国一家公司开发的 GrandCare 系统售价 2395 美元，每月还需支付 49 美元，是近年开发的帮助老年人的诸多创新技术之一。这些技术包括遥控灯、地面传感器，以及更为复杂的、将网络摄像头和视频会议系统与互联网整合起来的装置。这些装置可以追踪老年人是否吃了药，帮助煮饭等进行简单的家务活儿，及时发现情况并协助医疗急救。这样，老人们可以安全、独立地在自己家中长久生活，他们的成年子女也就可以安心去工作了。

2.3.1 系统功能

老年人用物联网终端系统就是要寻找一种监测方法，这种方法要简单实用，且易于推广。监测方法主要采用主动的方式，即不像以往的监测等待老人触发来实现，而将监测设备佩戴于老人身体上，这样避免了在家中大规模布置传感器的缺点。身体状态是人体状态的基本信息，可体现出老人在各个时间段的行为动作，进而得到老人一天、一星期、一月乃至一年的身体状况。身体状态信息包括静态动作和动态动作，静态动作又可分躺下、站立、俯卧、行走等，动态动作又可分为慢跑、摔倒等动作。静态信息可反映老人在较短时间内的体态，综合动态信息可得到老人较长时间内的活动量；动态信息可反映老人是否有剧烈的运动，获取此类信息，对于出现紧急状态后及时报警有重要的意义。以动态动作中的摔倒为例，老年人因为机体功能的衰老，骨质疏松现象普遍存在，在摔倒后很容易发生骨折现象，如果在发生摔倒时及时将信息通知给老人的子女或者社区服务中心，会极大地减少由此带来的身体伤害。这里提出了通过老人的身体状态信息来监测老人的方法，通过获取老人身体的状态信息，比如"站立、躺、慢跑、摔倒"等动作的检测对老人进行实时监测。加速度传感器和陀螺仪可以获取某个方向上的动作信息，但陀螺仪价格较贵，不适合本应用。为此，我们采用加速度传感器来实现姿态的获取。

这里的通信平台采用现在新兴的无线传感器网络技术，可实现在家庭环境下一对多，即可满足多位老人监护的需求。为了能让用户方便使用，监测装置应安装按键。同时，该装置可通过手机短信方式实现远距离报警给监护人，进一步拓宽了装置的适应性。老人也可直接按一下装置上的紧急按钮，直接发送紧急状态信息。老年人用物联网信息终端构成如图 2.21 所示。

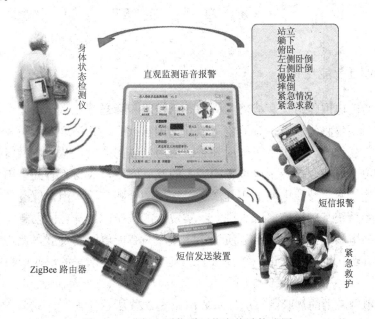

图 2.21 老年人用物联网信息终端构成图

2.3.2　系统整体构架

　　老年人用物联网信息终端由以下几部分组成：一个 ZigBee 协调器，用于初始化 ZigBee 无线网络和接收人体状态信息；若干个终端人体状态监测仪，佩戴于被监测人的腰部，用于检测和传送状态信息；运行在 PC 机端的监控中心软件，显示被监测对象的人体状态信息。

　　在本系统中，ZigBee 协调器建立一个网络后，终端人体状态监测仪开机后自动加入网络，并通过绑定的方式与协调器建立连接，通过监测仪上的菜单选择"发送数据"，开始进行身体状态的检测，并将状态信息发给协调器，协调器将这些数据信息通过串口发送给 PC 机，上位机软件通过对数据进行分析和显示，对老人的异常状态做出及时响应，亦可通过互联网及 GSM 网络与外界取得联系，提醒监控人对紧急状态采取相应的措施。老人通过直接按终端人体状态监测仪的紧急按钮，可直接发送紧急状态信息。老年人用物联网信息终端整体构架如图 2.22 所示。

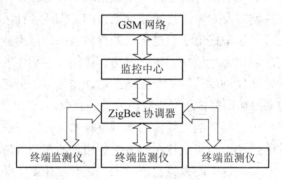

图 2.22　老年人用物联网信息终端整体构架

2.4　智　能　电　网

2.4.1　物联网与智能电网

　　物联网与智能电网作为具有战略意义的高新技术和新兴产业，已引起世界各国的高度重视。我国政府不仅将物联网、智能电网上升为国家战略，并在产业政策、重大科技项目支持、示范工程建设等方面进行了全面部署。应用物联网技术，智能电网将会形成一个以电网为依托，覆盖城乡用户及用电设备的庞大的互联网络，成为"感知中国"的最重要基础设施之一。物联网与智能电网的相互渗透、深度融合和广泛应用，能有效整合通信基础设施资源和电力系统基础设施资源，进一步实现节能减排，提升电网信息化、自动化、互动化水平，提高电网运行能力和服务质量。物联网与智能电网的发展可促进电力工业的结构转型和产业升级，更能够创造一大批原创的具有国际领先水平的科研成果，打造千亿元的产业规模。

　　融合智能电网应用的物联网三层体系架构如图 2.23 所示。

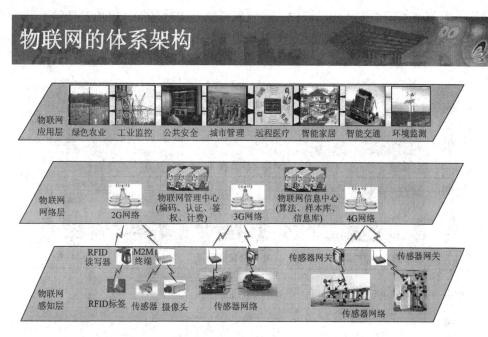

图 2.23 融合智能电网应用的物联网三层体系架构

2.4.2 物联网在智能电网中的应用

由图 2.24 可知，物联网技术将进一步助力智能电网的实现，如设备状态的预测和调控，资产全寿命周期管理的辅助决策，电网与用户间的智能互动等。

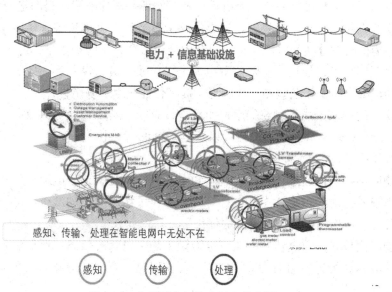

图 2.24 物联网在智能电网中的应用

利用物联网技术，通过在常规机组内布置各种传感器以掌握机组运行状态，包括各种技术指标与参数，可提高常规机组运行维护水平；通过在坝体部署压力传感器群监测坝体变形情况，可规避水库调度风险；通过各类气象传感器实时采集风电场、光伏发电厂的风速、风向、温度、湿度、气压、降雨、辐射等微气象信息，可实现新能源发电的监控和预测，如图 2.25 所示。

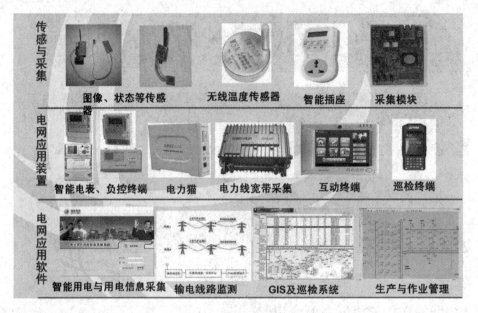

图 2.25　智能电网用电

利用物联网技术，通过各类传感器监测输变电设备的微气象环境、线路覆冰、导线微风震动幅度、导线温度与弧垂、输电线路风偏、杆塔倾斜度、图像视频、绝缘子污秽度等信息，与电网运行信息进行融合、分析，可及时发现并消除缺陷，提高电网运行水平。

利用物联网技术，通过在塔杆、输电线路或重要设备上部署各种传感器，实现目标识别、侵害行为的有效分类和区域定位，提高电力设备全方位防护水平。

利用物联网技术，通过传感器监测电力现场作业人员、设备、环境等方面信息，实现智能化互动，减少误操作风险和安全隐患，提高作业效率和安全性。

利用物联网技术，能及时获知用户的需求，有助于实现智能用电双向交互服务、智能家居、家庭能效管理、分布式电源接入以及电动汽车充放电，提高供电可靠性和用电效率，并为节能减排提供技术保障。

利用物联网技术，通过传感器实时感知电动汽车运行状态、电池使用状态、充电设施状态以及当前网内能源供给状态并进行综合分析，可实现对电动汽车、电池、充电设施、人员及设备的一体化集中管控、资源的优化配置。

利用物联网技术，通过传感器监测电力设备的全景状态信息，评估设备状态并预估寿命，为周期成本最优提供辅助决策等功能，可实现电力资产全寿命周期管理，提高电网运行水平和管理水平。

物联网与智能电网的深度融合发展不仅能加强电厂、电网以及用户间的互联互动，提高电网信息化、自动化、互动化水平，也将使生活更智能、更节能，极大地提高了生活品质。

2.4.3 分布式发电与微电网技术

电力需求的快速增长与电网规模的不断扩大使构建大电网的建设成本高、运行难度大，并且在适应电力用户的高要求、高可靠性和供电需求方面，也还存在诸多瓶颈问题。近些年来一些发达国家发生的大面积停电事故，已经暴露出大电网的脆弱。

分布式发电也称分散式发电或分布式供能，一般指将相对小型的发电装置(一般 50 MW 以下)分散布置在用户(负荷)现场或用户附近的发电(供能)方式。分布式电源位置灵活、分散的特点极好地适应了分散电力需求和资源分布，延缓了输、配电网升级换代所需的巨额投资；同时，它与大电网互为备用，也使供电可靠性得以改善。

分布式电源尽管优点突出，但本身亦存在诸多问题。例如，分布式电源单机接入成本高、控制困难等。另外，分布式电源相对大电网来说是一个不可控源，因此大系统往往采取限制、隔离的方式来处置分布式电源，以期减小其对大电网的冲击。对分布式能源的入网标准做了规定，当电力系统发生故障时，分布式电源必须马上退出运行。这就大大限制了分布式能源效能的充分发挥。

为了减少分布式电源的诸多不利影响，发挥其积极作用，较好的解决方案是采用微电网(Microgrid)。美国是最早开展微电网技术研究的国家，其微电网技术研究处于领先地位。

美国电力可靠性技术解决方案协会(CERTS)提出了微电网的定义：微电网是一种由微型电源和负荷共同组成的系统，它可同时提供电能和热量；微电网内部的电源主要由电力电子器件负责能量的转换，并提供必要的控制；微电网相对于外部大电网表现为单一的受控单元，并可同时满足用户对电能质量和供电安全等方面的要求。

微电网是一种较小规模的分散独立系统，由负荷和微电源组成。它采用了大量的先进电力技术，将燃汽轮机或者风电、光伏发电、燃料电池和储能设备等装置整合在一起，直接接入用户侧，如图 2.26 所示。微电网可视为大电网中的一个可控单元，它可在数秒内动作，提高供电区域的供电可靠性、降低损耗、稳定电压，还可以提供不间断电源以满足用户的特定需求。微电网和大电网互为备用，可以提高供电的可靠性。

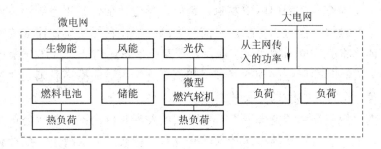

图 2.26 微电网结构方框图

由图 2.26 可知，微电网包括光伏发电、风能或者燃料电池等微电源，有的微电源还连接热负荷，同时为当地用户提供热源。

微电网与传统集中式能源系统相比具有许多优势：

(1) 微电网接近负荷，线损显著减少，建设投资和运行费用较省。

(2) 分布式能源具备发电、供热、制冷等多种服务功能，可实现更高的能源综合利用效率。

(3) 有利于各类可再生能源(太阳能发电、风力发电、生物质发电等)的利用，减少了排放总量、征地、电力线路走廊用地和高压输电线的电磁污染，缓解了环保压力。

(4) 可以解决部分调峰和备用问题，做到与季节性和地域性的电力需求变化相适应，使得电力系统的经济性和安全性达到最佳平衡。

(5) 可以提高供电可靠性、供电质量和电网的安全性。

(6) 发展微电网技术可形成和谐多元化的电网格局。

微电网的最大优势是提高了电力系统面临突发灾难时的抗灾能力。大电网中超大型电站与微电网中分散微型电站的结合，可以减少电力输送距离、降低输电线路的投资和电力系统的运营成本，确保电力系统的运行更加安全和经济。

微电网目前存在许多需要进一步研究和攻克的技术难题，主要包含新能源和可再生能源发电技术、电力电子控制装置、储能技术和通信技术等。微电网作为大电网的有效补充，与分布式能源的有效利用形式已引起广泛关注，中国微电网的发展能够提高供电可靠性、促进可再生能源的利用，对建设抗灾型电网具有重要意义。

2.4.4　中国国家电网公司"坚强智能电网"建设

2009 年 4 月，中国国家电网公司领导与美国能源部长朱棣文相晤，在华盛顿发表演讲称："中国国家电网公司正在全面建设以特高压电网为骨干网架、各级电网协调发展的坚强电网为基础，以信息化、数字化、自动化、互动化为特征的自主创新、国际领先的'智能电网'"。

物联网应用于智能电网是信息通信技术(ICT)发展到一定阶段的必然结果，将能有效整合通信基础设施资源和电力系统基础设施资源，使信息通信基础设施资源服务于电力系统运行，提高电力系统信息化水平，改善现有电力系统基础设施的利用效率。物联网技术应用于智能电网，将能有效地为电网中发电、输电、变电、配电、用电等环节提供重要技术支撑，为国家节能减排目标做出贡献。目前，电网智能化目标明确，需求清晰，预期效果明显。电网智能化将成为拉动物联网产业，甚至整个信息通信产业(ICT)发展的强大动力，并将有力影响和推动其他行业的物联网应用和部署进度，进而提高我国工业生产、行业运作和公共生活等各个方面的信息化水平。

我国建立的"统一坚强智能电网"有着坚实的发展基础。国家电网公司在建设坚强国家电网的同时，还高度重视智能电网技术的研究和工程实践，取得了一批拥有自主知识产权的重要成果，在技术理论、装备制造和工程实施方面为发展智能电网打下了坚实的基础。主要表现在以下方面：

(1) 特高压输电技术、广域测量系统、柔性交流输电、调度自动化等领域达到国际领先水平，积累了丰富的工程实践经验。

(2) 分布式发电、光伏发电、新能源接入、电动汽车应用等取得重要进展，部分研究成果已转化并广泛应用于电网建设。

(3) 智能电网调度技术支持系统、用电信息采集系统已经完成前期技术准备。

"统一坚强智能电网"战略框架如图 2.27 所示。

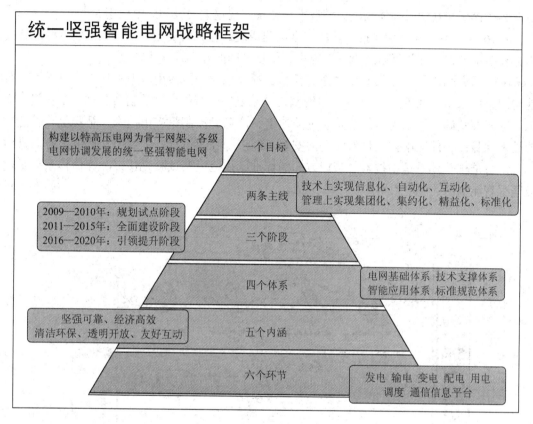

图 2.27　"统一坚强智能电网"战略框架

在该战略框架中，各部分含义解释如下：

(1) "一个目标"：国家电网公司以奉献清洁能源、促进经济发展、服务社会和谐为基本使命，在认真分析世界电网发展的新趋势和中国国情基础上，紧密结合中国能源供应的新形势和用电服务的新需求，提出了立足自主创新，以统一规划、统一标准、统一建设为原则，建设以特高压电网为骨干网架，各级电网协调发展，具有信息化、自动化、互动化特征的统一坚强智能电网的发展目标。

(2) "两条主线"："技术上体现信息化、自动化、互动化"，"管理上体现集团化、集约化、精益化、标准化"。信息化、自动化、互动化是智能电网的基本技术特征。只有形成坚强网架结构，构建"坚强"的基础，实现信息化、自动化、互动化的"智能"技术特征，才能充分发挥坚强智能电网的功能和作用。信息化是坚强智能电网的实施基础，实现实时和非实时信息的高度集成、共享与利用；自动化是坚强智能电网的重要实现手段，依靠先进的自动控制策略，全面提高电网运行控制的自动化水平；互动化是坚强智能电网的内在要求，实现电源、电网和用户资源的友好互动和相互协调。

(3) "三个阶段"：国家电网公司将分三个阶段推进坚强智能电网的建设。

2009 年～2010 年，规划试点阶段，重点开展坚强智能电网发展规划工作，制定技术和管理标准，开展关键技术研发和设备研制，开展各环节的试点工作。

2011 年～2015 年，全面建设阶段，加快特高压电网和城乡配电网建设，初步形成智能电网运行控制和互动服务体系，关键技术和装备实现重大突破和广泛应用。

2016 年～2020 年，引领提升阶段，全面建成统一坚强智能电网，使电网的资源配置能力、安全水平、运行效率以及电网与电源、用户之间的互动性显著提高。

(4) "四个体系"：电网基础体系、技术支撑体系、智能应用体系和标准规范体系。智能电网架构如图 2.28 所示，其中，电网基础体系是坚强智能电网的物质载体，是实现"坚强"的重要基础；技术支撑体系是先进的通信、信息、控制等应用技术，是实现"智能"的技术保障；智能应用体系是保障电网安全、经济、高效运行，提供用户增值服务的具体体现；标准规范体系是指技术、管理方面的标准、规范以及试验、认证、评估体系，是建设坚强智能电网的制度依据。

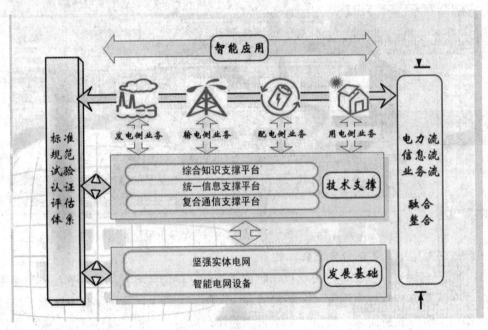

图 2.28　智能电网架构

(5) "五个内涵"：坚强可靠，经济高效，清洁环保，透明开放和友好互动。

坚强可靠是指具有坚强的网架结构、强大的电力输送能力和安全可靠的电力供应，坚强可靠的实体电网架构是中国坚强智能电网发展的物理基础。经济高效是指提高电网运行和输送效率，降低运营成本，促进能源资源和电力资产的高效利用，是对中国坚强智能电网发展的基本要求。清洁环保是指促进可再生能源发展与利用，降低能源消耗和污染物排放，提高清洁电能在终端能源消费中的比重，是经济社会对中国坚强智能电网的基本诉求。透明开放是指电网、电源和用户的信息透明共享，电网无歧视开放，是中国坚强智能电网的发展理念。友好互动是指实现电网运行方式的灵活调整，友好兼容各类电源和用户接入与退出，促进发电企业和用户主动参与电网运行调节，是中国坚强智能电网的主要运行特征。

(6) "六个环节"：坚强智能电网以坚强网架为基础，以通信信息平台为支撑，以智能控制为手段，包含电力系统的发电、输电、变电、配电、用电和调度六大环节，覆盖所有电压等级，实现"电力流、信息流、业务流"的高度一体化融合，如图 2.29 所示。它要求智能电网能够有效提高线路输送能力和电网安全稳定水平，具有强大的资源优化配置能力和有效抵御各类严重故障及外力破坏的能力；能够适应各类电源与用户便捷接入、退出的需要，实现电源、电网和用户资源的协调运行，显著提高电力系统的运营效率；能够精确高效集成、共享与利用各类信息，实现电网运行状态及设备的实时监控和电网优化调度；能够满足用户对电力供应开放性和互动性的要求，全面提高用电服务质量。

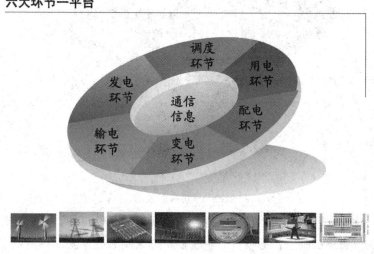

图 2.29　六大环节及基本平台

2.5　智能家居

智能家居的应用场景如图 2.30 所示。

在研究系统的功能需求之前，先描述一下智能家居系统的几个应用场景：

清晨 6 点 20 分，轻柔的音乐自动响起并逐步增大音量催你起床，卧室灯光自动亮起，光线也逐渐调整到清晨的亮度。6 点 30 分，电视自动调整到新闻频道开始播报当日新闻，而你手边的智能咖啡壶也开始冒热气，它已自动为你热好了咖啡。用完简单的早餐，出门时，你完全不必担心房间里的灯还没关，门也还没锁，智能家居系统会自动帮你料理好一切。

上班以后，有责任感的你或许还不太放心家里，于是打开办公桌上的电脑，轻轻点击，登录到自己的家庭网站上开始查看安全防护系统的摄像记录。下午孩子放学回家，在他输入安全密码进屋的同时，你的手机上会显示出孩子已经安全到家的消息。

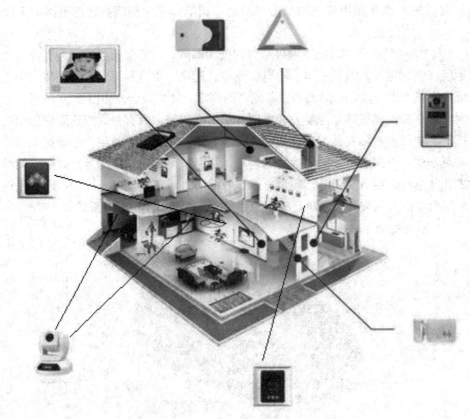

图 2.30　理想智能家居

　　下班路上，你掏出手机，指示预先放好食物的微波炉开始工作，热水器开始烧洗澡水。

　　回到家，热气腾腾的晚餐已经备好。晚餐后，你来到家庭影院，只需说出想看的频道，电视机会自动打开并调整为相应的频道，音响系统自动启动。

　　夜晚 10 点半，你准备睡觉休息，家里的灯全部熄灭，大门锁好，安全防卫系统开始忠实地守卫你的家园。

　　炎热的夏天，回家前空调被握在手中的遥控器提前打开，让您一进家门就能享受清凉；寒冷的冬天，回家前就用遥控器把洗澡水放好，让您进门就可洗去一身疲惫；下雨天，窗子被身在办公室的你用遥控器关闭，让您不必因天气突变而立即回家；家里没人时，防盗系统按照预先设置好的程序替您看守着爱家，让您放心出门；出差在外，用遥控器不仅能替孩子煮饭，还能在电脑上看到家里的所有东西，让您找工作时不必受地区限制；家中安装某种装置后，忘记关闭的灯会被自动关闭，水龙头会被自动关紧，饭煮好之后会有语音提示您，让您在别的房间也能知道；坐在沙发上，就可以控制家里所有的灯并可调节亮度。

2.5.1　智能家居的概念

　　1984 年，美国联合科技公司(United Technologies Building System)将建筑设备信息化、整合化概念应用于美国康乃迪克州(Conneticut)哈特佛市(Hartford)的 CityPlaceBuilding，通过

对该旧式大楼进行一定程度的改造后，再采用计算机系统对大楼的空调、电梯、照明等设备进行监测和控制，并提供语音通信、电子邮件和情报资料等方面的信息服务，这就诞生了世界上首栋"智能家居"。此后，加拿大、欧洲、澳大利亚和东南亚等经济比较发达的国家和地区先后提出了各种智能家居的方案。其中，德国弗劳恩霍研究会与 11 家公司联手合作，建成了世界上第一座智能家居样板房，向人们揭示了未来住宅的前景和计算机技术新的发展趋势。最著名的智能家居要算比尔·盖茨的豪宅。比尔·盖茨在他的《未来之路》一书中以很大篇幅描绘了他正在华盛顿湖建造的私人豪宅。他描绘的住宅是"由硅片和软件建成的"，并且要"采纳不断变化的尖端技术"。经过 7 年的建设，1997 年，比尔·盖茨的豪宅终于建成。这个豪宅完全按照智能住宅的概念建造，不仅具备高速上网的专线，所有的门窗、灯具、电器都能够通过计算机控制，而且有一个高性能的服务器作为管理整个系统的后台。

　　智能家居也叫数字家庭，或称智能住宅，在英文中常用 Smart Home 表示，在香港、台湾等地区还有数码家庭、数码家居等称法。通俗地说，智能家居是利用先进的计算机、嵌入式系统和网络通信技术，将家庭中的各种设备(如照明系统、环境控制、安防系统、网络家电)通过家庭网络连接到一起。一方面，智能家居能使用户以更方便的手段来管理家庭设备，比如，通过无线遥控器、电话、互联网或者语音识别方式控制家用设备，更可以执行场景操作，使多个设备形成联动；另一方面，智能家居内的各种设备相互间可以通信，不需要用户指挥也能根据不同的状态互动运行，从而给用户带来最大程度的高效、便利、舒适与安全。此外，智能家居还是以住宅为平台，兼备建筑、网络通信、信息家电、设备自动化，集系统、结构、服务、管理为一体的高效、舒适、安全、便利、环保的居住环境。因此，智能家居可以定义为一个过程或者一个系统。利用先进的计算机技术、网络通信技术、综合布线技术可将与家居生活有关的各种子系统有机地结合在一起，通过统筹管理，让家居生活更加舒适、安全、有效。与普通家居相比，智能家居不仅具有传统的居住功能，提供舒适安全、高品位且宜人的家庭生活空间，还由原来的被动静止结构转变为具有能动智慧的工具，提供全方位的信息交换功能，帮助家庭与外部保持信息交流畅通，优化人们的生活方式，帮助人们有效安排时间，增强家居生活的安全性，甚至节约各种能源费用。

　　总之，在国家宏观发展需求(即建设节能型社会和创新型社会的目标)、信息技术应用需求(即信息化已成为当今人们生活的重要部分)、公共安全保障需求(即安全保证是衡量社区住宅环境的标准)和建筑品牌提升需求(即智能化是现代建筑灵魂核心的充分体现)以及其他主客观因素的作用下，智能家居的产生是必然的。

2.5.2　智能家居体系结构

　　实现智能家居必须满足三个条件：具有家庭网络总线系统；能够通过这种网络(总线)系统提供各种服务功能；能与住宅外部相连接。通过总结各类智能家居系统，可以得出如图 2.31 所示的体系结构。可见，整个系统由两网连接三层，其中的三层指家庭设备层、家庭服务平台层和业务应用层，两网是指智能家庭网络和外部网络。

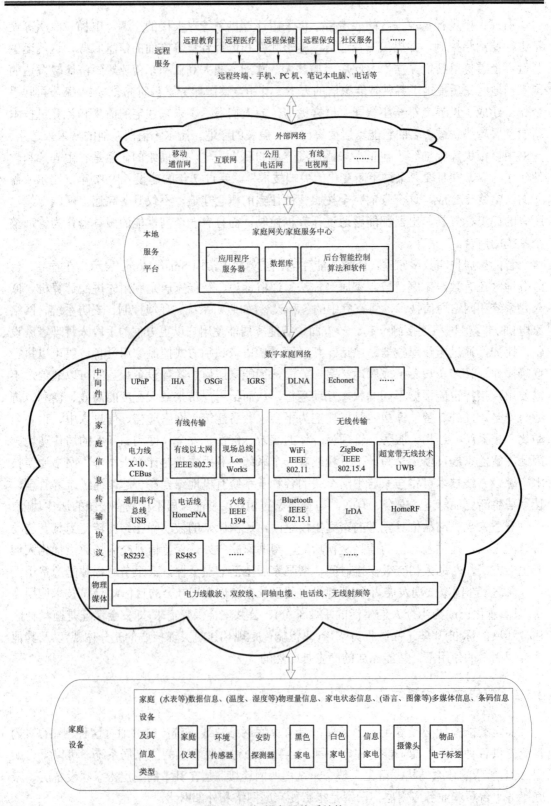

图 2.31　智能家居体系结构

本 章 小 结

　　本章介绍了物联网的几个典型应用，从我们生活的城市，到我们朝夕相处的校园，再到与我们息息相关的家居环境，我们意识到世界正在变"小"、地球正在变"平"，不论是经济、社会还是技术层面，我们的生活环境和以往任何时代相比都发生了重大的变化。

　　当然，物联网的应用并不局限于上面的领域，用一句形象的话来说，就是"网络无所不达，应用无所不能"。但有一点是值得我们肯定的，那就是物联网的出现和推广必将极大地改变我们的生活。物联网的应用创新已成为国家战略级别的经济科技制高点。物联网将把高端技术、日常生活和产业发展三者紧密结合起来，把人与所有物品通过物联技术连接在一起，实现智能化识别和管理。通过本章所列举的物联网应用实例，我们可以大胆地想象，未来我们每个人都能够切身感受到物联网的魅力和未来的美好生活，那个时候，人们的生活将会变得更加便捷而进入美好的"物联网时代"。因此，学习物联网专业大有用武之地。

　　要想更好地学习物联网，不仅需要我们有坚实的理论基础，还要有过硬的技术本领，只有将所学应用于所需，才能充分发挥理论指导实践的作用。

习　　题

　　1. 请说出数字城市发展的两个阶段。

　　2. 什么是智慧城市？

　　3. 谈谈数字城市与智慧城市的区别。

　　4. 智慧城市的构建涵盖了哪五个方面？

　　5. 什么是智慧校园？

　　6. 智慧校园的架构有哪几方面？它们分别是什么？

　　7. 请写出智慧校园的技术方法。

　　8. 老年人用物联网信息终端由哪几部分组成？

　　9. 为老人健康服务的物联网应用有哪些？

　　10. "统一坚强智能电网"的四个体系分别是什么？

　　11. 简述微电网的定义以及基本架构。

　　12. 谈谈你理想中的智能家居模式与愿景。

　　13. 实现智能家居需要几个条件，这些条件分别是什么？

本章参考文献

[1]　黄孝斌. 物联网应用实践. 信息化建设，2009，(11)：21-22.

[2]　仲成春，李艳磊，辛萍，等. 走近"物联网". 天津经济，2009，(10)：10-17.

[3]　宁家俊. 物联天下 感知中国——物联网的技术与应用. 信息化建设，2009，(11)：13-15.

[4]　石军."感知中国"促进中国物联网加速发展. 通信管理与技术，2009，(5)：1-3.

[5]　王建宙."物联网"将成为经济发展的又一驱动器. IT 时代周刊，2009，(10)：20.

[6]　沙磊.物联网信息社会"发动机"[J]. 科技博览. 2009.

[7]　曲成义. 物联网的发展态势和前景. 信息化建设. 2009.11.

[8]　李志清，李璇. 浅析物联网的发展. 学术探讨. 2009.

[9]　IBM. 智慧地球赢在中国. http://www-900.ibm.com

[10]　王臻. 朝阳区物联网技术应用及产业发展思路. 2009 信息城市高层论坛——感知中国 感知北京.
　　　2009.12

[11]　胡晓专. 构建更加智慧的城市——为了更加智慧的地球. 2009 信息城市高层论坛——感知中国 感知北京，2009.12

[12]　中国科学院信息领域战略研究组. 中国至 2050 年信息科技发展路线图. 北京：科学出版社. 2009.

[13]　丁泉龙. 物联网应用点亮智慧校园.2011 第二届中国物联网大会，2011.4

第三章 物联网的技术基础

上一章分析了物联网的几个应用案例，从中我们可以看到物联网系统的主要支撑技术。比如智能城市中的 M2M 技术，它架起了物联网与智慧城市的最直观的桥梁，实现机器、人与系统之间超时空的无缝连接；智慧城市中应用了 RFID 技术的校园一卡通，它是物联网技术在校园中最具代表性的应用，实现了固定物件或移动物件的标识与跟踪定位，免去了携带不便的烦恼；老年人用物联网信息终端中的 WSN 技术，主要用于监测老人身体状况，并实时传送数据，保证老人跌倒后能得到及时的治疗；而智能电网中的 PLC 技术，保证了电力终端安全可靠，进而使得百姓生活得放心、舒心、安心；智能家居融合物联网的各项技术，从点滴考虑我们的生活细节，通过无线遥控器、电话、互联网或者语音识别方式控制家用设备，更可以执行场景操作，这样即便远在他乡出差的你，也可以观察、改变家庭的各种状态，将被动静止结构转变为具有能动智慧的工具，提供全方位的信息交换功能，帮助家庭与外部保持信息交流畅通，优化我们的生活方式，提高我们的生活质量。

下面我们从物联网的三个层次、八层架构、四大支撑技术和两个技术范畴的角度来讲述物联网的技术基础。

3.1 物联网的三个层次

物联网包括物联网感知层、物联网网络层、物联网应用层，如图 3.1 所示。相应地，其技术体系包括感知层技术、网络层技术、应用层技术以及公共技术，如图 3.2 所示。

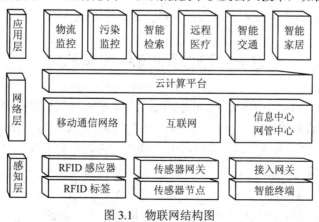

图 3.1 物联网结构图

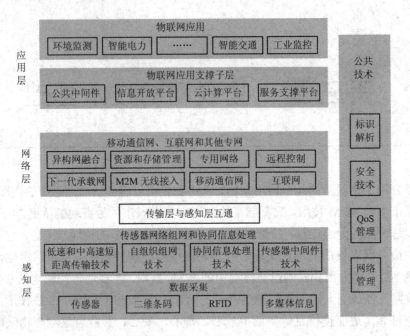

图 3.2　物联网技术体系框架图

感知层：数据采集与感知，主要用于采集物理世界中发生的物理事件和数据，包括各类物理量、标识、音频、视频数据。物联网的数据采集涉及传感器、RFID、多媒体信息采集、二维码和实时定位等技术。

网络层：实现更加广泛的互联功能，能够把感知到的信息无障碍、高可靠性、高安全性地进行传送，需要传感器网络与移动通信技术、互联网技术相融合。经过十余年的快速发展，移动通信、互联网等技术已比较成熟，基本能够满足物联网数据传输的需要。

应用层：主要包含应用支撑平台子层和应用服务子层。其中，应用支撑平台子层用于支撑跨行业、跨应用、跨系统之间的信息协同、共享、互通的功能；应用服务子层包括智能交通、智能医疗、智能家居、智能物流、智能电力等行业应用。

公共技术：不属于物联网技术的某个特定层面，而是与物联网技术架构的三层都有关系，它包括标识解析、安全技术、网络管理和服务质量(QoS)管理。

3.2　物联网的八层架构

在 IBM 2010 年大中华区研发中心开放日活动中，希望对在物联网世界里会用到的一些关键技术领域进行深入的探讨和展望。IBM 大中华区首席技术官、IBM 中国研究院院长李实恭在接受 51CTO.com 记者专访时谈到："物联网的重点在于这个'网'字，如果只有物没有网，那未来将是非常可怕的现象。IBM 在多年的研究积累和实践中提炼出了八层的物联网参考架构。"

从层次的维度理解，这八层架构之间大部分情况下有一定的依赖关系；从域的维度理解，由于信息在它们之间有时并不需要依次通过才能进行传递和处理，因此它们也可以是网状关系，所以叫做域的概念。

1. 传感器/执行器层

物联网中的任何一个物体都要通过感知设备获取相关信息以及传递感应到的信息给所有需要的设备或系统。传感器/执行器层是最直接与周围物体接触的域。传感器除了传统的传感功能外，还要具备一些基本的本地处理能力，使所传递的信息是系统最需要的，从而使传递网络的使用更加优化。

2. 传感网层

传感网层是传感器之间形成的网络。这些网络有可能是基于公开协议的，比如 IP，也有可能是基于一些私有协议的，而目的就是使传感器之间可以互联互通以及传递感应信息。

3. 传感网关层

由于物联网世界里的对象是我们身边的每一个物理存在的实体，因此感知到的信息量将会是巨大的、五花八门的。如果传感器将这些信息直接传递给所需要的系统，那么将会对网络造成巨大的压力和不必要的资源浪费。因此，最好的方法是通过某种程度的网关将信息进行过滤、协议转换、信息压缩加密等，使得信息更优化，并安全地在公共网络上传递。

4. 广域网络层

广域网络层主要是为了将感知层的信息传递到需要信息处理或者业务应用的系统中，可以采用 IPv4 或者 IPv6 的协议。

5. 应用网关层

在传输过程中为了更好地利用网络资源以及优化信息处理过程，应设置局部或者区域性的应用网关。其目的有两个：第一是信息汇总与分发；第二是进行一些简单信息处理与业务应用的执行，最大限度地利用 IT 与通信资源，提高信息的传输和处理能力，增强可靠性和持续性。

6. 服务平台层

服务平台层的作用是使不同的服务提供模式得以实施，同时把物联网世界中信息处理方面的共性功能进行集中优化，缓解传统应用系统或者应用系统整合平台的压力。这样使得应用系统无需因为物联网的出现而做大的修改，能够更充分利用已有业务应用系统，支持物联网的应用。

7. 应用层

应用层包括了各种不同业务或者服务所需要的应用处理系统。这些系统利用传感的信息进行处理、分析、执行不同的业务，并把处理的信息再反馈给传感器进行更新，刷新服务以及为终端使用者提供服务，使得整个物联网的每个环节都更加连续和智能。这些业务应用系统一般都是在企业内部、外部被托管或者共享的 IT 应用系统。

8. 分析与优化层

在物联网世界中，从信息的业务价值和 IT 信息处理的角度看，它与互联网最大的不同就是信息和信息量。物联网的信息来源广阔，信息是海量的，在这种情况下如何利用信息更好地为我们服务，就是基于信息分析和优化的基础之上的。传统的商业智能也是对信息进行分析以及进行业务决策，但是在物联网中，基于传统的商业智能和数据分析又是远远不够的，因此需要更智能化的分析能力，基于数学和统计学的模型进行分析、模拟和预测。信息越多，就越需要更好的优化，这样才能够带来价值。

综上所述，我们可以得到如图 3.3 所示的物联网框架模型。这里我们进一步细分物联网的服务功能，将其划分为感知识别层、网络构建层、管理服务层和创新应用层。再根据 IBM 提出的物联网八层架构，分别进行对应层次的划归，最终得到物联网框架模型。

应用服务层	创新应用层	分析与优化层	物联网世界中，信息来源广阔，是海量的，基于传统的商业智能和数据分析是远远不够的。因此，需要更智能化的分析能力，基于数学和统计学的模型进行分析、模拟和预测
		应用层	应用层包括各种不同业务或服务所需要的应用处理系统。这些系统利用传感的信息进行处理、分析、执行不同的业务，并把处理的信息再反馈给传感器进行更新，使得整个物联网的每个环节都更加连续和智能
网络传输层	管理服务层	服务平台层	服务平台层是为了使不同的服务提供模式得以实施，同时把物联网世界中的信息处理方面的共性功能进行集中优化，使应用系统无需因为物联网的出现而做大的修改，能够更充分地利用已有业务应用系统，支持物联网的应用
		应用网关层	在传输过程中为了更好地利用网络资源以及优化信息处理过程，应设置局部或者区域性的应用网关，一是信息汇总与分发；二是进行一些简单信息处理与业务应用的执行，最大限度地利用IT与通信资源，提高信息的传输和处理能力，增强可靠性和持续性
	网络构建层	广域网络层	这一层主要是为了将感知层的信息传递到需要信息处理或者业务应用的系统中，可以采用IPv4或者IPv6的协议
感知控制层		传感网关层	由于物联网世界里的对象是实体，因此感知到的信息量将会是巨大的、各式各样的，通过某种程度的网关将信息进行过滤、协议转换、信息压缩加密等，可使得信息更优化和安全地在公共网络上传递
	感知识别层	传感网层	这是传感器之间形成的网络。这些网络有可能基于公开协议，比如IP，也有可能基于一些私有协议。其目的就是使传感器之间可以互联互通以及传递感应信息
		传感器/执行器层	物联网中任何一个物体都要通过感知设备获取相关信息以及传递感应到的信息给所有需要的设备或系统。传感器除了传统的传感功能外，还要具备一些基本的本地处理能力，使得所传递的信息是系统最需要的，从而使传递网络的使用更加优化

图 3.3　物联网框架模型

3.3　物联网的四大支撑技术

物联网是一次技术革命，代表了未来计算机和通信的走向，其发展依赖于在诸多领域内活跃的技术创新。物联网的支撑技术融合了 RFID(射频识别)、WSN/ZigBee(无线传感网络)、传感器、智能服务等多种技术。RFID 是一种非接触式自动识别技术，可以快速读写、长期跟踪管理，在智能识别领域有着非常好的发展前景；以短距、低功耗为特点的WSN/ZigBee 使得搭建无处不在的网络变为可能；以 MEMS 为代表的传感器技术拉近了人与自然世界的距离；智能服务技术则为发展物联网的应用提供了服务内容。本节将详细介绍物联网的基础支撑技术。

3.3.1　RFID 技术

无线射频识别(RFID)技术作为本世纪最有发展前途的信息技术之一，已得到全球业界的高度重视；中国拥有产品门类最为齐全的装备制造业，又是全球 IT 产品最重要的生产加工基地和消费市场。这些都为中国电子标签产业与应用的发展提供了巨大的市场空间，带来了难得的发展机遇。RFID 技术与电子标签应用必将成为中国信息产业发展和信息化建设的一个新机遇，成为国民经济新的增长点。

未来的十年内，所有的东西都会被植入 RFID 标签。虽然这项技术的有效范围一般都很短，但是其应用范围却是相当广泛的，比如说征收车辆过路费、无接触式安全通道、汽车定位(利用内置感应标签的钥匙)以及医院病人的身份识别等。下面对 RFID 技术进行全面介绍，包括 RFID 技术的基础知识、特征、系统工作原理及其同其他识别系统的比较。

1. RFID 介绍

射频识别(Radio Frequency Identification，RFID)技术是 20 世纪 90 年代兴起并逐渐走向成熟的一种自动识别技术，是一项利用射频信号的空间耦合(交变磁场或电磁场)来实现无接触信息传递，并通过所传递的信息达到识别目的的技术。

与目前广泛使用的自动识别技术(如摄像、条码、磁卡、IC 卡等)相比，射频识别技术具有很多突出的优点：

(1) 非接触操作，长距离识别(几厘米至几十米)，因此完成识别工作时无须人工干预，应用便利。

(2) 无机械磨损，寿命长，并可工作于各种油渍、灰尘污染等恶劣的环境。

(3) 可识别高速运动物体，并可同时识别多个电子标签。

(4) 读写器具有不直接对最终用户开放的物理接口，保证了其自身的安全性。

(5) 数据安全方面除电子标签的密码保护外，数据部分可用一些算法实现安全管理。

(6) 读写器与标签之间存在相互认证的过程，可实现安全通信和存储。

目前，RFID 技术在工业自动化、物体跟踪、交通运输控制管理、防伪和军事方面已有着广泛的应用。

RFID 系统由三部分组成(见图 3.4)：

(1) 电子标签(Tag)：由耦合元件及芯片组成，且每个电子标签具有全球唯一的识别号(ID)，无法修改、无法仿造，这就保证了安全性。电子标签中一般保存有约定格式的电子数据，在实际应用中，电子标签附着在待识别物体的表面。

(2) 天线(Antenna)：在标签和阅读器间传递射频信号，即标签的数据信息。

(3) 读写器(Reader)：读取(或写入)电子标签信息的设备，可设计为手持式或固定式。读写器可无接触地读取并识别电子标签中所保存的电子数据，从而达到自动识别物体的目的。通常读写器与计算机相连，所读取的标签信息被传送到计算机上，进行下一步处理。

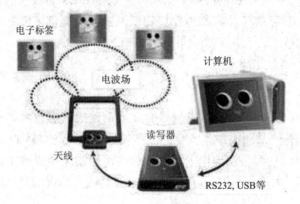

图 3.4　RFID 系统

2. RFID 的特征

RFID 具有如下特征：

(1) 数据的读写(Read Write)机能优：只要通过 RFID Reader，不需接触，即可直接读取信息至数据库内，且可一次处理多个标签，并可以将物流处理的状态写入标签，供下一阶段物流处理用。

(2) 容易实现小型化和多样化的形状：RFID 在读取上并不受尺寸大小与形状之限制，不需为了读取精确度而配合纸张的固定尺寸和印刷品质。此外，RFID 电子标签更可向小型化与多样化形态发展，以应用于不同产品。

(3) 耐环境性强：纸张一受到脏污就会看不到，但 RFID 对水、油和药品等物质却有强力的抗污性。RFID 在黑暗或脏污的环境之中也可以读取数据。

(4) 可重复使用：由于 RFID 为电子数据，可以反复被覆写，因此可以回收标签重复使用。如被动式 RFID 不需要电池就可以使用，没有维护保养的需要。

(5) 穿透性好：RFID 若被纸张、木材和塑料等非金属或非透明的材质包覆的话，也可以进行穿透性通信。但如果被铁质金属包覆，则无法进行通信。

(6) 数据的记忆容量大：数据容量会随着记忆规格的发展而扩大，未来物品所需携带的资料量会愈来愈大，对卷标所能扩充容量的需求也会随之增加，对此 RFID 不会受到限制。

(7) 系统安全：将产品数据从中央计算机中转存到工件上将为系统提供安全保障，大大提高了系统的安全性。

(8) 数据安全：通过校验或循环冗余校验的方法来保证射频标签中存储的数据的准确性。

3. RFID 的工作原理

通常情况下，RFID 的应用系统主要由读写器和 RFID 卡两部分组成，如图 3.5 所示。其中，读写器一般作为计算机终端，用来实现对 RFID 卡的数据读写和存储，它是由控制单元、高频通信模块和天线组成的。而 RFID 卡则是一种无源的应答器，主要是由一块集成电路(IC)芯片及其外接天线组成的。RFID 芯片通常集成有射频前端、逻辑控制、存储器等电路，有的甚至将天线一起集成在同一芯片上。

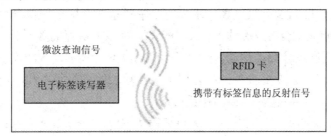

图 3.5 RFID 工作原理

RFID 应用系统的基本工作原理是，RFID 卡进入读写器的射频场后，由其天线获得的感应电流经升压电路作为芯片的电源，同时将带信息的感应电流通过射频前端电路检测得到数字信号，并将数字信号送入逻辑控制电路进行信息处理；所需回复的信息从存储器中获取，然后经逻辑控制电路送回射频前端电路，最后通过天线发回给读写器，如图 3.6 所示。

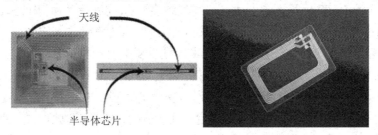

图 3.6 RFID 卡的内部结构——天线与芯片

目前，RFID 已得到了广泛的应用，且有国际标准 ISO10536、ISO14443、ISO15693、ISO18000 等。这些标准除规定了通信数据帧协议外，还着重对工作距离、频率、耦合方式等与天线物理特性相关的技术规格进行了规范。RFID 同其他识别系统的比较如表 3.1 所示。

表 3.1 RFID 同其他识别系统的比较

系统 \ 参数	数据量 /bit	污染影响	受方向性影响	磨损	工作费用	阅读速度	最大读取距离	自动化程度
RFID	16～64 k	无	较小	无	一般	很快	10 m	高
IC 卡	16～64 k	可能	单方向	触点	一般	一般	接触	低
条形码	1～100	严重	单方向	严重	很小	慢	10 cm	低

在未来的 8 到 10 年内，几乎所有的东西都会被贴上感应标签，而这些感应标签将会得到广泛的应用——甚至可能在家里。也许有一天，想像终将变成现实，当你走在下班回家的路上，你们家的智能冰箱会提醒你别忘了买牛奶。

4. RFID 技术的分类

RFID 技术的分类方法通常有下面四种：

(1) 根据 RFID 工作频率的不同通常可将其分为低频(30～300 kHz)、中频(3～30 MHz)和高频(300 MHz～3 GHz)系统。低频系统的特点是 RFID 内保存的数据量较少，阅读距离较短，RFID 卡的外形多样，阅读天线方向性不强等。其主要用于短距离、低成本的应用中，如多数的门禁控制、校园卡、煤气表、水表等。中频系统则用于需传送大量数据的应用系统。高频系统的特点是 RFID 及阅读器成本均较高，标签内保存的数据量较大，阅读距离较远(可达十几米)，适应物体高速运动，性能好。阅读天线及 RFID 天线均有较强的方向性，但其天线波束方向较窄且价格较高，主要用于需要较长的读写距离和高读写速度的场合，多在火车监控、高速公路收费等系统中应用。

(2) 根据 RFID 卡的不同，可将其分为可读写卡(RW)、一次写入多次读出卡(WORM)和只读卡(RO)。RM 卡一般比 WORM 卡和 RO 卡贵得多，如电话卡、信用卡等。WORM 卡是用户可以一次性写入的卡，写入后数据不能改变，比 RW 卡便宜。RO 卡存有一个唯一的号码，不能修改，保证了安全性。

(3) 根据 RFID 卡的有源和无源，可将其分为有源 RFID 标签和无源 RFID 标签。有源 RFID 标签使用卡内电池的能量，识别距离较长，可达十几米，但是它的寿命有限(3～10 年)，且价格较高。无源 RFID 标签不含电池，它接收到读写器(读出装置)发出的微波信号后，利用读写器发射的电磁波提供能量，一般可做到免维护、重量轻、体积小、寿命长，且较便宜，但它的发射距离受限制，一般是几十厘米，且需要阅读器的发射功率大。

(4) 根据 RFID 调制方式的不同，可将其分为主动式(Active tag)和被动式(Passive tag)。主动式 RFID 标签用自身的射频能量主动发送数据给读写器，主要用于有障碍物的应用中，距离较远(可达 30 米)。被动式 RFID 标签使用调制散射方式发射数据，它必须利用读写器的载波调制自己的信号，适宜在门禁或交通中使用。

5. RFID 技术标准

目前常用的 RFID 国际标准主要有用于对动物识别的 ISO11784 和 ISO11785，用于非接触智能卡的 ISO10536、ISO15693、ISO14443，用于集装箱识别的 ISO10374 等。目前国际上制定 RFID 标准的组织比较著名的有三个，分别是 ISO、以美国为首的 EPC global 以及日本的 Ubiquitous ID Center。这三个组织对 RFID 技术应用规范都有各自的目标与发展规划。下面对常见的几个标准加以简介。

(1) ISO11784 和 ISO11785 技术标准：分别规定了动物识别的代码结构和技术准则，标准中没有对应答器样式尺寸加以规定，因此可以设计成适合于所涉及动物的各种形式，如玻璃管状、耳标或项圈等。代码结构为 64 位，如表 3.2 所示，其中 27～64 位可由各个国家自行定义。技术准则规定了应答器的数据传输方法和读写器规范，工作频率为 134.2 kHz，数据传输方式有全双工和半双工两种，读写器数据以差分双相代码表示，应答器采用 FSK 调制、NRZ 编码。由于存在较长的应答器充电时间和工作频率的限制，因此其通信速率较低。

表 3.2　ISO11784 和 ISO11785 标准代码结构

位序号	信　　息	说　　明
1	动物应用 1/非动物应用 0	应答器是否用于动物识别
2～15	保留	未来应用
16	后面有数据 1/没有数据 0	识别代码后是否有数据
17～26	国家代码	说明使用国家，999 表明是测试应答器
27～64	国内定义	唯一的国内专有的登记号

(2) ISO11536、ISO15693 和 ISO14443 技术标准：ISO11536 标准发展于 1992～1995 年间，由于这种卡的成本高，与接触式 IC 卡相比优点很少，因此这种卡从未上市。ISO14443 和 ISO15693 标准在 1995 年开始操作，其完成则是在 2000 年之后，二者皆以 13.56 MHz 交变信号为载波频率。ISO15693 读写距离较远，而 ISO14443 读写距离稍近，但应用较广泛。目前的第二代电子身份证采用的标准是 ISO14443 TYPE B 协议。ISO14443 定义了 TYPE A 和 TYPE B 两种类型协议，通信速率为 106 kb/s，它们的不同主要在于载波的调制深度及位的编码方式。TYPE A 采用开关键控(On-Off keying)Manchester 编码，TYPE B 采用 NRZ-L 编码。TYPE B 与 TYPE A 相比，有传输能量不中断、速率更高、抗干扰能力更强的优点。RFID 的核心是防冲撞技术，这也是和接触式 IC 卡的主要区别。ISO14443 规定了 TYPE A 与 TYPE B 的防冲撞机制。二者防冲撞机制的原理不同，前者基于位冲撞检测协议，后者则通过系列命令序列完成防冲撞。ISO15693 采用轮寻机制、分时查询的方式完成防冲撞机制。防冲撞机制使得同时处于读写区内的多张卡的正确操作成为可能，既方便了操作，也提高了操作的速度。

6. RFID 系统的应用和发展趋势

RFID 系统的应用领域相当广泛，具体如下所述：

(1) 物流：物流过程中的货物追踪，信息自动采集，仓储应用，港口应用，邮政，快递。

(2) 零售：商品的销售数据实时统计，补货，防盗。

(3) 制造业：生产数据的实时监控，质量追踪，自动化生产。

(4) 服装业：自动化生产，仓储管理，品牌管理，单品管理，渠道管理。

(5) 医疗：医疗器械管理，病人身份识别，婴儿防盗。

(6) 身份识别：电子护照、身份证、学生证等各种电子证件的识别。

(7) 防伪：贵重物品(烟、酒、药品)的防伪，票证的防伪等。

(8) 资产管理：各类资产(贵重的、数量大的、相似性高的或危险品等)。

(9) 交通：高速不停车收费，出租车管理，公交车枢纽管理，铁路机车识别等。

(10) 食品：水果、蔬菜、生鲜、食品等的保鲜度管理。

(11) 动物识别：驯养动物，畜牧牲口，宠物等的识别管理。

(12) 图书馆：书店、图书馆、出版社等的相关应用。

(13) 汽车：制造，防盗，定位，车钥匙。

(14) 航空：制造，旅客机票，行李包裹追踪。

(15) 军事：弹药、枪支、物资、人员、卡车等的识别与追踪。

3.3.2　WSN/ZigBee 技术

1. 什么是 ZigBee

WSN 是 Wireless Sensor Network 的简称，即无线传感网络，它是由部署在监测区域内大量的廉价微型传感器节点组成，通过无线通信方式形成的一个多跳的自组织的网络系统。其目的是协作地感知、采集和处理网络覆盖区域中被感知对象的信息，并发送给观察者。传感器、感知对象和观察者构成了无线传感器网络的三个要素。无线传感网络内的各个要素通过一个统一的协议进行信息的传输，这个协议就是 ZigBee。可以说 ZigBee 是 IEEE 802.15.4 协议的代名词。根据这个协议规定的技术是一种短距离、低功耗的无线通信技术。这一名称来源于蜜蜂的八字舞，蜜蜂(bee)是靠飞翔和"嗡嗡"(zig)地抖动翅膀的"舞蹈"来与同伴传递花粉所在方位信息的，也就是说蜜蜂依靠这样的方式构成了群体中的通信网络。其特点是近距离、低复杂度、低功耗、低数据速率、低成本，主要适用于自动控制和远程控制领域，可以嵌入各种设备。

ZigBee 联盟是一个高速增长的非盈利组织，成员包括国际著名半导体生产商、技术提供者、代工生产商以及最终使用者。该联盟正在制定一个基于 IEEE 802.15.4 的可靠、高性价比、低功耗的网络应用规格。

图 3.7 所示为 ZigBee 联盟的主要成员。

图 3.7　ZigBee 联盟主要成员

目前超过 150 多家成员公司正积极进行 ZigBee 规格的制定工作。当中包括 7 位推广委员、半导体生产商、无线技术供应商及代工生产商。7 位推广委员分别为 Honeywell、Invensys、MITSUBISHI、Freescale、PHILIPS、SAMSUNG、Chipcom 和 ember。

ZigBee 联盟的主要目标是通过加入无线网络功能，为消费者提供更富弹性、更易用的电子产品。ZigBee 技术能融入各类电子产品，应用范围横跨全球民用、商用、公用及工业用等市场。生产商终于可以利用 ZigBee 这个标准化无线网络平台，设计简单、可靠、便宜又省电的各种产品。ZigBee 联盟的焦点在于：制定网络、安全和应用软件层；提供不同产品的协调性及互通性测试规格；在世界各地推广 ZigBee 品牌并争取市场的关注；推动管理技术的发展。

2. WSN/ZigBee 无线数据传输网络描述

简单地说，ZigBee 是一种高可靠的无线数据传输网络，类似于 CDMA 和 GSM 网络。ZigBee 数据传输模块类似于移动网络基站，通信距离从标准的 75 m 到几百米、几千米，并且支持无限扩展。ZigBee 是一个由可多达 65 000 个无线数据传输模块组成的无线数据传输网络平台，在整个网络范围内，每一个 ZigBee 网络数据传输模块之间都可以相互通信。

一般的无线通信包装结构比较简单，主要由同步序言、数据、CRC 校验等几部分组成。ZigBee 采用了数据帧的概念，每个无线帧包括了大量无线包装，包含了大量时间、地址、命令、同步等信息，真正的数据信息只占很少部分，而这正是 ZigBee 可以实现网络组织管理、实现高可靠传输的关键。同时，ZigBee 采用了 MAC 技术和 DSSS(直扩序列调制)技术，能够实现高可靠、大规模的网络传输。

ZigBee 定义了两种物理设备类型：全功能设备 FFD(Full Function Device)和精简功能设备 RFD(Reduced Function Device)。一般来说，FFD 支持任何拓扑结构，可以充当网络协调器(Network Coordinator)，能和任何设备通信。RFD 通常只用于星型网络拓扑结构中，不能完成网络协调器功能，且只能与 FFD 通信，两个 RFD 之间不能通信；但它的内部电路比 FFD 少，只有很少或没有消耗能量的内存，因此实现相对简单，也更利于节能。

在交换数据的网络中，有三种典型的设备类型：协调器、路由器和终端设备。一个 ZigBee 由一个协调器节点、若干个路由器和一些终端设备节点构成。设备类型并不会限制运行在特定设备上的应用类型。

协调器用于初始化一个 ZigBee 网络，它是网络中的第一个设备。协调器节点选择一个信道和一个网络标识符(也叫 PAN ID)，然后启动一个网络。协调器节点也可以用来在网络中设定安全措施和应用层绑定。协调器的角色主要是启动并设置一个网络，一旦这一工作完成，协调器就以一个路由器节点的角色运行(甚至去做其他事情)。由于 ZigBee 网络的分布式的特点，网络的后续运行不需要依赖于协调器的存在。

路由器的功能包括允许其他设备加入到网络中、多跳路由以及协助用电池供电的终端子设备的通信等。有必要认识到的是，路由器可以是网络流量的发送方或者接收方，因此路由器通常一直处于工作状态，不断准备存储那些去往子设备的信息并转发数据，直到其子节点醒来并请求数据。当一个子设备要发送一个信息时，就将数据发送给它的父路由节点，此时路由器就负责发送数据，执行任何相关的重发。如果有必要等待确认，则自由节点就可以继续回到睡眠状态。路由器通常用干线供电，而不是使用电池。因此，如果某一工程不需要电池来给设备供电，那么可以将所有的终端设备作为路由器来使用。

一个终端设备不必为维持网络的基础结构而长期运行，所以它可以自己选择是休眠还是激活。终端设备仅在向它们的父节点接收或者发送数据时才会被激活。因此，终端设备可以用电池供电来运行很长一段时间。

图 3.8 展示了一个示例网络，它具有 ZigBee 协调器(菱形)、路由器(矩形)和终端节点(圆形)。

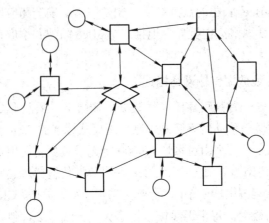

图 3.8　ZigBee 网络示意图

与移动通信的 CDMA 网或 GSM 网不同的是，ZigBee 网络主要是为工业现场自动化控制数据传输而建立的，因而，它必须具有简单、使用方便、工作可靠、价格低的特点。移动通信网主要是为语音通信而建立的，每个基站的价值一般都在百万元人民币以上，而每个 ZigBee "基站"却不到 1000 元人民币。每个 ZigBee 网络节点不仅本身可以作为监控对象，如其所连接的传感器可以直接进行数据采集和监控，还可以自动中转别的网络节点传过来的数据资料。除此之外，每一个 ZigBee 网络节点(FFD)还可在自己信号覆盖的范围内，和多个不成单网络的孤立子节点(RFD)实现无线连接。图 3.9 所示为 ZigBee 模块。

图 3.9　ZigBee 模块

3. ZigBee 的技术优势

ZigBee 有如下技术优势：

(1) 低功耗。在低耗电待机模式下，两节 5 号干电池可支持一个节点工作 6～24 个月，甚至更长。这是 ZigBee 的突出优势。相比较，蓝牙能工作数周，WiFi 仅可工作数小时。

(2) 低成本。通过大幅简化协议(不到蓝牙的 1/10)，降低了对通信控制器的要求，按预测分析,以 8051 的 8 位微控制器测算,全功能的主节点需要 32 KB 代码,子功能节点少至 4 KB 代码,而且 ZigBee 免协议专利费。每块芯片的价格大约为 2 美元。

(3) 低速率。ZigBee 工作在 20~250 kb/s 的较低速率,分别提供 250 kb/s(2.4 GHz)、40 kb/s(915 MHz)和 20 kb/s(868 MHz)的原始数据吞吐率,可满足低速率传输数据的应用需求。

(4) 近距离。传输范围一般介于 10~100 m 之间,在增加 RF 发射功率后,亦可增加到 1~3 km(这里指的是相邻节点间的距离)。如果通过路由和节点间通信的接力,则传输距离将可以更远。

(5) 短时延。ZigBee 的响应速度较快,一般从睡眠转入工作状态只需 15 ms,节点连接进入网络只需 30 ms,进一步节省了电能。相比较,蓝牙需要 3~10 s,WiFi 仅需 3 s。

(6) 高容量。ZigBee 可采用星状、片状和网状网络结构,由一个主节点管理若干子节点,一个主节点最多可管理 254 个子节点;同时,主节点还可由上一层网络节点管理,最多可组成 65000 个节点的大网。

(7) 高安全。ZigBee 提供了三级安全模式,包括无安全设定、使用接入控制清单(ACL)防止非法获取数据以及采用高级加密标准(AES 128)的对称密码,以灵活确定其安全属性。

(8) 免执照频段。采用直接序列扩频在工业科学医疗(ISM)频段,2.4 GHz(全球)、915 MHz(美国)和 868 MHz(欧洲)。

4. ZigBee 的应用领域

Zigbee 技术针对的是工业、家庭自动化、遥测遥控、汽车自动化、农业自动化和医疗护理等,例如灯光自动化控制,传感器的无线数据采集和监控,油田、电力、矿山和物流管理等应用领域。另外,它还可以对局部区域内的移动目标(如城市中的车辆)进行定位。具体应用领域如下:

(1) 监控照明,HVAC 和写字楼安全。

(2) 配合传感器和激励器,对制造、过程控制、农田耕作、环境及其他区域进行工业监控。

(3) 带负载管理功能的自动抄表(AMR),这可使得地产管理公司削减成本和节省电气能源。

(4) 对油气等的生产、运输和勘测进行管理。

(5) 家庭监控照明、安全和其他系统。

(6) 对病患、设备及设施进行医疗和健康监控。

(7) 军事应用,包括战场监视和军事机器人控制。

(8) 汽车应用,即配合传感器网络报告汽车所有的系统状态。

(9) 消费电子应用,包括对玩具、游戏机、电视、立体音响、DVD 播放机和其他家电设备进行遥控。

(10) 用于计算机外设,例如键盘、鼠标、游戏控制器及打印机。

(11) 有源 RFID 应用,例如电池供电标签,它可用于产品运输、产品跟踪、存储较大物品和财务管理。

(12) 基于互联网的设备之间的机器对机器的通信(M2M)。

ZigBee 的典型应用如图 3.10 所示。

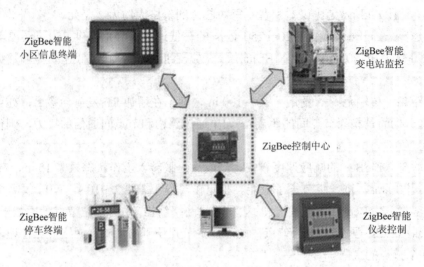

ZigBee智能
小区信息终端

ZigBee智能
变电站监控

ZigBee控制中心

ZigBee智能
停车终端

ZigBee智能
仪表控制

图 3.10　ZigBee 的典型应用

3.3.3　常见组网技术

1. 现场总线技术

1) 现场总线概述

现场总线技术是 20 世纪 80 年代中期在国际上发展起来的一种崭新的工业控制技术。现场总线控制系统(FCS)的出现引起了传统的可编程逻辑控制器(PLC)和分布式控制系统(DCS)基本结构的革命性变化。现场总线控制系统技术极大地简化了传统控制系统繁琐且技术含量较低的布线工作量，使其系统检测和控制单元的分布更趋合理。更重要的是，从原来的面向设备选择控制和通信设备转变成为基于网络选择设备。尤其是 20 世纪 90 年代现场总线技术逐渐进入中国以来，结合 Internet 和 Intranet 的迅猛发展，现场总线控制系统越来越显示出传统控制系统无可替代的优越性。现场总线控制系统已成为工业控制领域中的一个热点。

现场总线是用于现场电器、现场仪表及现场设备与控制室主机系统之间的一种开放的、全数字化、双向、多站的通信系统。现场总线标准用于规定某个控制系统中一定数量的现场设备之间如何交换数据。数据的传输介质可以是电线电缆、光缆、电话线、无线电等。

通俗地讲，现场总线是用在现场的总线技术。传统控制系统的接线方式是一种并联接线方式，由 PLC 控制各个电器元件，每一个元件对应一个 I/O 口，两者之间需用两根线进行连接。当 PLC 所控制的电器元件数量达到数十个甚至数百个时，整个系统的接线就显得十分复杂，容易搞错，施工和维护都十分不便。为此，人们考虑怎样把那么多的导线合并到一起，用一根导线来连接所有设备，所有的数据和信号都在这根线上流通，同时设备之间的控制和通信可任意设置。这根线自然而然地被称为总线，就如计算机内部的总线概念一样。由于控制对象都在工矿现场，不同于计算机通常用于室内，因此这种总线被称为现场的总线，简称现场总线。图 3.11 所示为传统控制系统接线方式和现场总线系统接线方式的比较。

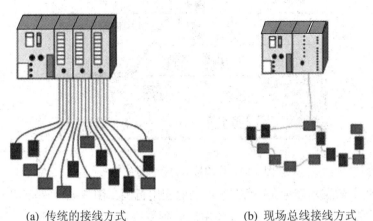

(a) 传统的接线方式　　　　　　　　　(b) 现场总线接线方式

图 3.11　传统控制系统接线方式和现场总线系统接线方式的比较

2) 现场总线的特点

现场总线技术实际上是采用串行数据传输和连接方式代替传统的并行信号传输和连接方式的方法。它依次实现了控制层和现场总线设备层之间的数据传输，同时在保证传输实时性的情况下实现信息的可靠性和开放性。一般的现场总线具有以下几个特点：

(1) 布线简单。这是大多现场总线共有的特性，现场总线的最大革命是布线方式的革命，最小化的布线方式和最大化的网络拓扑使得系统的接线成本和维护成本大大降低。由于采用串行方式，因此大多数现场总线采用双绞线，还有直接在两根信号线上加载电源的总线形式。这样，采用现场总线类型的设备和系统给人的明显感觉就是简单直观。

(2) 开放性。一个总线必须具有开放性，这指两个方面：一方面能与不同的控制系统相连接，也就是应用的开放性；另一方面就是通信规约的开放，也就是开发的开放性。只有具备了开放性，才能使得现场总线既具备传统总线的低成本，又能适合先进控制的网络化和系统化要求。

(3) 实时性。总线的实时性要求是为了适应现场控制和现场采集的特点。一般的现场总线都要求在保证数据可靠性和完整性的条件下具备较高的传输速率和传输效率。总线的传输速度要求越快越好，速度越快，表示系统的响应时间越短。但是，实时性不能仅靠提高传输速率来解决，传输的效率也很重要。传输效率主要是由有效用户数据在传输帧中所占的比率以及成功传输帧在所有传输帧中所占的比率决定的。

(4) 可靠性。一般总线都具备一定的抗干扰能力，同时，当系统发生故障时，具备一定的诊断能力，以最大限度地保护网络，同时较快地查找和更换故障节点。总线故障诊断能力的大小是由总线所采用的传输的物理媒介和软件协议决定的，所以不同的总线具有不同的诊断能力和处理能力。

3) 现场总线的应用领域

控制系统分为不同的层次，图 3.12 简明地表示出控制系统的金字塔结构。

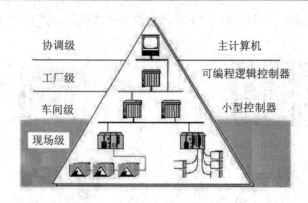

图 3.12　控制系统的金字塔结构

　　对应不同的系统层次，现场总线有着不同的应用范围。图 3.13 列举了几种主要现场总线的应用范围。纵坐标由下往上表示设备由简单到复杂，即由简单传感器、复杂传感器、小型 PLC 或工业控制机到工作站、中型 PLC 再到大型 PLC、DCS 监控机等，数据通信量由小到大，设备功能也由简单到复杂。横坐标表示通信数据传输的方式，从左到右依次为二进制的位传输、8 位及 8 位以上的字传输、128 位及 128 位以上的帧传输以及更大数据量传输的文件传输。

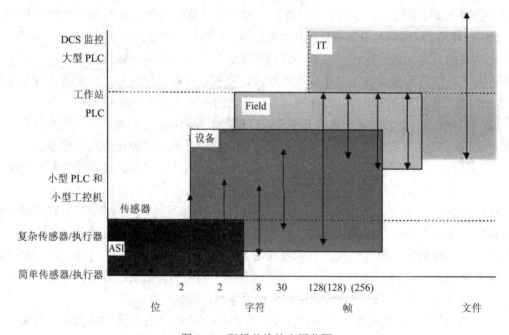

图 3.13　现场总线的应用范围

　　在发达国家，现场总线技术从 20 世纪 80 年代开始出现并逐步推广到现在，已经被工业控制领域广泛应用。2002 年，欧洲有 40% 的自动化工程项目采用了现场总线控制系统，到 2005 年达 65%～70%。在国内，现场总线首先用在外国公司在华投资的生产线上，比如几乎所有外资汽车生产企业都使用了现场总线的生产线。啤酒罐装、烟草加工、机械装配、产品包装等生产线也大量使用现场总线。一些市政工程也开始使用现场总线。在中国，20

世纪 90 年中后期引入了现场总线，至今在技术概念上已被广泛接受，用户群和使用面迅速增加和扩大，许多自动化项目都把现场总线控制作为选择方案之一，还有不少本土化的现场总线产品出现，并迅速得以产业化。

目前现场总线技术的应用主要集中在冶金、电力、水处理、乳品饮料、烟草、水泥、石化、矿山以及 OEM(原始设备制造商)用户等各个行业，同时还有道路无人监控、楼宇自动化、智能家居等新技术领域。

2. WiFi 技术

1) WiFi 概述

WiFi 全称 Wireless Fidelity，又称 802.11b 标准，它的最大优点就是传输速度较高，可以达到 11 Mb/s。另外，它的有效距离也很长，并与已有的各种 802.11DSSS 设备兼容，迅驰技术就是基于该标准的，无线上网已经成为现实。

IEEE 802.11b 无线网络规范是 IEEE 802.11a 网络规范的变种，最高带宽为 11 Mb/s，在信号较弱或有干扰的情况下，带宽可调整为 5.5 Mb/s、2 Mb/s 和 1 Mb/s，带宽的自动调整有效地保障了网络的稳定性和可靠性。其主要特性为：速度快；可靠性高；在开放性区域通信距离可达 305 米，在封闭性区域通信距离为 76 米到 122 米；方便与现有的有线以太网络整合，组网的成本更低。

2) WiFi 无线网络结构

WiFi 无线网络的拓扑结构主要有两种：Ad-Hoc 和 Infrastructure。

Ad-Hoc 是一种对等的网络结构，各计算机只需接上相应的无线网卡，或者具有 WiFi 模块的手机等便携终端，即可实现相互连接和资源共享，无需中间作用的"Access Point"(AP，接入点)。此种网络结构如图 3.14 所示。

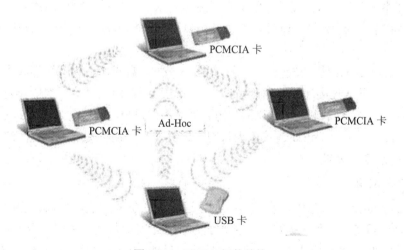

图 3.14　Ad-Hoc 拓扑结构

Infrastructure 是一种整合有线与无线局域网络架构的应用模式，通过此种网络结构，同样可实现网络资源的共享，此应用需通过 AP。这种网络结构是应用最广的一种，它类似于以太网中的星形结构，起中间网桥作用的无线接入点(AP)就相当于有线网络中的 HUB(集线器)或者 Switch(交换机)。此种网络的拓扑结构如图 3.15 所示。

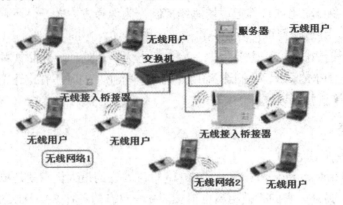

图 3.15　Infrastructure 拓扑结构

3) WiFi 优点

WiFi 技术与蓝牙技术一样，同属于在办公室和家庭中使用的短距离无线技术。该技术使用的是 2.4 GHz 附近的频段，该频段目前尚属没有许可的无线频段。其目前可使用的标准有两个，分别是 IEEE 802.11a 和 IEEE 802.11b。该技术由于有着自身的优点，因此受到政府企业的青睐。

WiFi 技术突出的优势在于：

(1) 无线电波的覆盖范围广，基于蓝牙技术的电波覆盖范围非常小，半径大约只有 50 英尺(约合 15 米) 左右，而 WiFi 的半径则可达 300 英尺(约合 100 米)左右，办公室自不用说，就是在整栋大楼中也可使用。最近，Vivato 公司推出了一款新型交换机，该款产品能够把目前 WiFi 无线网络 300 英尺(接近 100 米)的通信距离扩大到 4 英里(约 6.5 千米)。

(2) 虽然由 WiFi 技术传输的无线通信质量不是很好，数据安全性能比蓝牙差一些，传输质量也有待改进，但其传输速度非常快，可以达到 11 Mb/s，符合个人和社会信息化的需求。

(3) 进入该领域的门槛比较低。只要在机场、车站、咖啡店、图书馆等人员较密集的地方设置"热点"，并通过高速线路将因特网接入上述场所，由于"热点"所发射出的电波可以达到距接入点半径数十米至 100 米的地方，因而用户只要将支持无线 LAN 的笔记本电脑或 PDA 拿到该区域内，即可高速接入因特网。这样，不用耗费资金来进行网络布线就可接入网络，从而节省了大量的成本。

4) WiFi 的应用

在通信行业的激烈竞争中，宽带接入是各运营商竞争的焦点。目前，各大运营商开始着手打造 WiFi 网络，为用户提供宽带接入业务。各运营商从现有资源出发，结合 WiFi 的技术优势，大幅度降低投资成本，快速抢占市场。虽然在已经大量商用的支持 802.11b 标准的产品中还存在一些问题，如安全问题、漫游问题，业务模式上当前还只能支持单一的数据业务等，但着眼于互通性以及未来的发展，大家都把 WiFi 看做是提升宽带、ADSL、LAN 用户价值，提供差异化服务的有效手段，也是未来 3G 数据业务的有力补充。WiFi 当前主要面对个人、家庭/企业及行业用户，提供家庭/企业服务、公众区/会展区服务。从覆盖区域来看，WiFi 可重点应用于以下区域：

(1) 有线资源成本太高或布线困难的区域。

(2) 酒店、机场、医院、茶楼等人员流动频繁的地方。

(3) 校园、办公室、会议室等人员聚集的地方。

(4) 展览馆、体育馆、新闻中心等信息需求量大的地方。

5) WiFi 的技术发展

WiFi 技术的商用目前碰到了许多困难。一方面受制于 WiFi 技术自身的限制，比如其漫游性、安全性和如何计费等都还没有得到妥善的解决；另一方面，由于 WiFi 的赢利模式不明确，如果将 WiFi 作为单一网络来经营，商业用户的不足会使网络建设的投资收益比较低，因此也影响了电信运营商的积极性。

WiFi 技术的商用遇到了一些问题，这种先进的技术也不可能包办所有功能的通信系统。可以说只有各种接入手段相互补充使用，才能带来经济性、可靠性和有效性。因而，它可以在特定的区域和范围内发挥对 3G 的重要补充作用，WiFi 技术与 3G 技术相结合将具有广阔的发展前景。

3. 蓝牙技术

1) 蓝牙技术概述

蓝牙是一种支持设备短距离通信(一般为 10 m 内)的无线电技术，能在包括移动电话、PDA、无线耳机、笔记本电脑、相关外设等众多设备之间进行无线信息交换。利用蓝牙技术能够有效地简化移动通信终端设备之间的通信，也能够成功地简化设备与因特网之间的通信，从而使数据传输变得更加迅速高效，为无线通信拓宽道路。蓝牙采用分散式网络结构以及快跳频和短包技术，支持点对点及点对多点通信；工作在全球通用的 2.4 GHz ISM(即工业、科学、医学)频段；其数据速率为 1 Mb/s，采用时分双工传输方案实现全双工传输。图 3.16 所示为蓝牙标志与蓝牙耳机。

蓝牙技术是一个开放性、短距离无线通信的标准，它可以用来在较短距离内取代目前多种电缆连接方案，通过统一的短距离无线链路在各种数字设备之间实现方便快捷、灵活安全、低成本、小功耗的语音和数据通信。

图 3.16 蓝牙标志与蓝牙耳机

2) 蓝牙技术的系统参数和技术指标

蓝牙技术产品采用低能耗无线电通信技术来实现语音、数据和视频的传输。其传输速率最高为 1 Mb/s，以时分方式进行全双工通信，通信距离为 10 米左右，配置功率放大器可以使通信距离进一步增加。蓝牙的系统参数与技术指标见表 3.3。

表 3.3 蓝牙的系统参数与技术指标

系统参数与技术指标	说　明
工作频段	ISM 频段，2.402～2.408 GHz
双工方式	全双工，TDD 时分双工
业务类型	支持电路交换和分组交换业务
数据速率	1 MB/s
非同步信道速率	非对称连接为 21/57.6 kb/s，对称连接为 432.6 kb/s
同步信道速率	64 kb/s
功率	美国 FCC 要求 < 0 dBm(1 mW)，其他国家可扩展为 100 mW
跳频频率数	79 个频点/1 MHz
跳频速率	1600 Hz
工作模式	PAPK/HOLD/SNIFF/ACTIVE
数据连接方式	SCO、ACL
纠错方式	1/3FEC、2/3FEC、ARQ
认证	竞争—应答方式
信道加密	0 位、40 位、60 位密钥
语音编码方式	CSVD
发射距离	10～100 m

蓝牙产品采用跳频技术，能够抗信号衰落；采用快跳频和短分组技术，能够有效减少同频干扰，提高通信的安全性；采用前向纠错编码技术，以便在远距离通信时减少随机噪声的干扰；采用 2.4 GHz 的 ISM(即工业、科学、医学)频段，以省去申请专用许可证的麻烦；采用 FM 调制方式，可使设备变得更为简单可靠。蓝牙技术产品在一个跳频频率发送一个同步分组，每一个分组占用一个时隙，也可以增至 5 个时隙。蓝牙技术支持一个异步数据通道，或者 3 个并发的同步语音通道，或者一个同时传送异步数据和同步语音的通道。蓝牙的每一个话音通道支持 64 kb/s 的同步话音，异步通道支持的最大速率为 721 kb/s，反向应答速率为 57.6 kb/s 的非对称连接，或者 432.6 kb/s 的对称连接。

蓝牙技术产品与因特网之间的通信使得家庭和办公室的设备既使不需要电缆也能够实现互通互联，大大提高了办公和通信效率。

3) 蓝牙技术的特点

蓝牙技术提供了低成本、近距离的无线通信，构成固定与移动设备通信环境中的个人网络，使得近距离内的各种设备能够实现无缝资源共享。图 3.17 所示为蓝牙模块。显然，这种通信技术与传统的通信模式有着明显的区别，它的初衷是希望以相同的成本和安全性

实现一般电缆的功能,从而使移动用户摆脱电缆束缚。这决定了蓝牙技术具备以下技术特性:

(1) 能传送语音和数据。

(2) 全球范围适用,使用频段无需申请。

(3) 低成本、低功耗和低辐射。

(4) 安全性、抗干扰性和稳定性强。

(5) 可以建立临时性的对等连接,支持点对多点的通信方式。

 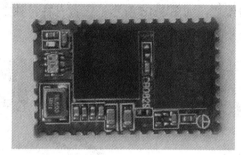

图 3.17　蓝牙模块

4) 蓝牙技术的应用

蓝牙 SIG(蓝牙技术联盟)定义了几种基本的应用模型,主要包括文件传输、Internet 网桥、局域网接入、三合一电话和终端耳机等。

从目前的蓝牙产品来看,蓝牙主要应用在手机、掌上计算机、耳机、数字照相机、数字摄像机、汽车套件等产品中。另外,蓝牙系统还可以嵌入微波炉、洗衣机、电冰箱、空调机等传统家用电器。随着蓝牙技术的成熟,它也得到越来越广泛的应用。

在蓝牙支持的车载电话上,各大汽车制造商们已经在车上安装了车载免提电话系统,与带有蓝牙功能的移动电话一同工作,可以保持移动电话和个人电脑的无线连接。汽车后视镜也能利用上蓝牙,LG 公司曾经展示了一款支持蓝牙的汽车后视镜,这款汽车后视镜能够通过蓝牙和手机连接,在来电的时候可在镜面中间显示来电号码。

蓝牙技术在汽车防盗上发挥着重要作用,市面上已经有了各种各样的汽车防盗的蓝牙设备。英国一家公司推出了采用蓝牙技术的汽车防盗产品,根据介绍,这套名为 Auto-txt 的系统可以把用户的蓝牙手机(或者其他蓝牙设备)当作汽车的第二把锁。如果蓝牙手机不在车里,则一旦汽车被启动,系统就会认定汽车被盗,从而开启报警装置。

在构造家庭网络上,把家庭内部的所有信息设备相互之间连成网络,是未来信息社会发展的必然趋势。信息同步是蓝牙产品的核心应用,个人信息管理的同步、在掌上电脑之间或掌上电脑和移动电话之间交换名片,或是在办公室电脑和家用电脑之间交换数据,对某些用户来说变得越来越重要。

4. GPS 技术

1) GPS 概述

GPS 是英文 Global Positioning System(全球定位系统)的简称,而其中文简称为"球位系"。GPS 是 20 世纪 70 年代由美国陆海空三军联合研制的新一代空间卫星导航定位系统。其主要目的是为陆、海、空三大领域提供实时、 全天候和全球性的导航服务，并用于情报收集、核爆监测和应急通信等军事目的，是美国独霸全球战略的重要组成部分。经过 20 余年的研究实验，耗资 300 亿美元，到 1994 年 3 月，全球覆盖率高达 98% 的 24 颗 GPS 卫星星座已布设完成。

2) GPS 的组成

全球定位系统由 GPS 空间卫星部分、GPS 地面监控部分和用户设备部分(GPS 接收机)三大部分组成，如图 3.18 所示。三者有各自独立的功能和作用，但又有机地组合在一起而成为缺一不可的整体。

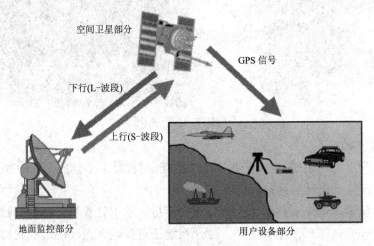

图 3.18　全球定位系统示意图

空间卫星部分：由 24 颗工作卫星组成，包括 21 颗工作卫星和 3 颗备用卫星，均匀分布在 6 个轨道上。卫星的这种分布保证了在地球上任何地点、任何时候都能见到 4 颗以上的卫星，并能保持良好定位解算精度的几何图形(DOP)，在时间、空间上提供了连续导航定位能力。

地面监控部分：负责监控全球定位系统的工作，包括一个主控站、三个注入站、五个监控站。主控站位于科罗拉多空军基地，用来收集监控站的跟踪数据、计算卫星的星历和卫星钟的改正参数等，并将这些数据发送至各注入站，同时诊断卫星的工作状态并对其进行调度。注入站的主要功能是将主控站发送来的卫星星历和改正参数注入卫星。监控站的作用是接收卫星信号，监测卫星的工作状态。

用户设备部分：主要由各种 GPS 接收机组成，其作用就是接收、跟踪、变换和测量 GPS 信号。GPS 接收机按工作原理可分为码相关型接收机、平方型接收机、混合型接收机、干涉型接收机；按用途可分为导航型、测地型、授时型接收机；按载波频率可分为单频、双频接收机；按接收通道数可分为多通道、序贯通道、多路多用通道接收机。对于研究地壳板块运动的用户，由于对测量精度的要求较高，通常采用双频多通道混合型测地接收机。

3) GPS 的特点

全球定位系统的主要特点如下：

(1) 定位精度高。应用实践已经证明，GPS 相对定位精度在 50 km 以内可达 10^{-6}，$100\sim$ 500 km 可达 10^{-7}，1000 km 可达 10^{-9}。在 $300\sim1500$ m 工程精密定位中，1 小时以上观测的位置误差小于 1 mm，与 ME-5000 电磁波测距仪测定的边长比较，其边长较差最大为 0.5mm，校差中误差为 0.3 mm。

(2) 观测时间短。随着 GPS 系统的不断完善及软件的不断更新，目前，20 km 以内相对静态定位仅需 $15\sim20$ 分钟；快速静态相对定位测量时，当每个流动站与基准站相距 15 km 以内时，流动站的观测时间只需 $1\sim2$ 分钟，然后可随时定位，每站观测只需几秒钟。

(3) 应用广泛。主要用途包括：陆地应用，车辆导航、地球物理资源勘探、工程测量、变形监测、地壳运动监测等；海洋应用，远洋船最佳航程航线测定、船只实时调度与导航、海洋救援、水文地质测量等；航空航天应用，飞机导航、导弹制导等。

此外全球定位系统还具有高精度、全天候、高效率、多功能、操作简便等特点。

4) GPS 的应用

GPS 在导航、跟踪、精确测量方面都有很广泛的应用。在定位导航(见图 3.19)方面，GPS 的使用对象主要是汽车、船舶、飞机等运动物体。例如，船舶远洋导航和进港引水、飞机航路引导和进场降落，汽车自主导航定位，地面车辆跟踪和城市智能交通管理等。此外，对于警察、消防及医疗等部门的紧急救援、追踪目标和个人旅游及野外探险的导引等，GPS 都具有得天独厚的优势。在日常生活中，GPS 还可用于人身受到攻击危险时的报警，特殊病人、少年儿童的监护与救助，生活中遇到各种困难时的求助等。使用时只需按动带有移动位置服务的 GPS 手机按钮，警务监控中心或急救中心在几秒内便可获知报警人的位置并提供及时的救助。图 3.19 所示即为 GPS 导航装置。

图 3.19　GPS 导航装置

除已广泛应用于民用领域外，在军事领域 GPS 也已从当初的为军舰、飞机、战车、地面作战人员等提供全天候、连续实时、高精度的定位导航，扩展成为目前精确制导武器复合制导的一种重要技术手段。

5) GPS 的前景

由于 GPS 技术所具有的全天候、高精度和自动测量的特点，因此作为先进的测量手段和新的生产力，它已经融入了国民经济建设、国防建设和社会发展的各个领域。

随着冷战结束和全球经济的蓬勃发展，美国政府宣布在 2000 年至 2006 年期间，在保证美国国家安全不受威胁的前提下，取消 SA 政策(Selective Availability，美国国防部为减小 GPS 精确度而实施的一种措施)，GPS 民用信号精度在全球范围内得到改善，利用 C/A 码进行单点定位的精度由 100 米提高到 20 米，这将进一步推动 GPS 技术的应用，提高生产力、作业效率、科学水平以及人们的生活质量，刺激 GPS 市场的增长。

5. PLC 技术

1) PLC 概述

电力线通信(Power Line Communication)技术简称 PLC，是指利用电力线传输数据和语音信号的一种通信方式。电力线通信并不是新技术，已经有几十年的发展历史，在中高压输电网(35 kV 以上)上通过电线载波机的较低频率(9~490 kHz)传送数据或语音，就是电力线通信技术应用的主要形式之一。在低压(220 V)领域，PLC 技术首先用于负荷控制、远程抄表和家居自动化，其传输速率一般为 200 b/s 或更低，称为低速 PLC。近几年国内外开展的利用低压电力线的传输速率在 1 Mb/s 以上的电力线通信技术，称为高速 PLC。

目前高速 PLC 已可传输高达 45 Mb/s 的数据，而且能同时传输数据、语音、视频和电力，有可能带来"四网合一"的新趋势。图 3.20 为典型的 PLC 系统应用示意图，在配电变压器低压出线端安装 PLC 主站，PLC 主站的一侧通过电容或电感耦合器连接电力电缆，注入和提取高频 PLC 信号；另一侧通过传统通信方式，如光纤、CATV、ADSL 等连接至 Internet。在用户侧，用户的计算机通过以太网接口或 USB 接口与 PLC 调制解调器相连，普通话机通过 RJ-11 接口连至 PLC 调制解调器，而 PLC 调制解调器则直接插入墙上的插座。如果 PLC 高频信号衰减较大或干扰较大，则可在适当的地点加装中继器以放大信号。

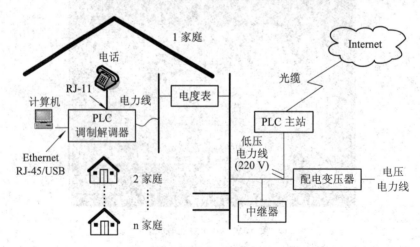

图 3.20 典型的 PLC 系统应用示意图

PLC 利用输电线路作为信号的传输媒介，人们利用电力线可以传输电话、电报、远动(即应用通信技术对远方的运行设备进行监视和控制)、数据和远方保护信号等。由于电力线机械强度高，可靠性好，不需要线路的基础建设投资和日常的维护费用，因此，PLC 具有较高的经济性和可靠性，在电力系统的调度通信、生产指挥、行政业务通信以及各种信息传输方面发挥了重要作用。随着电力部门逐步实现调度自动化和管理现代化，PLC 日益受到重视。而且随着家庭自动化和智能大楼概念的出现，PLC 能方便地为各种设备(如警报系统的传感器)提供通信链路。近年来低压 PLC 作为"最后一公里"的一种解决方案也已取得成功，特别是在小区内采用低压网作为局域网的接入方案已经投入使用。

2) PLC 的关键技术

目前国际上高速电力线通信采用的调制技术主要有扩展频谱类和 OFDM(Orthogonal Frequency Division Multiplexing，正交频分复用)调制技术。其中 OFDM 以其独特的优点在宽带、高速电力线通信中成为最具吸引力的技术，它成功地解决了电力线通信技术中的大部分问题。

正交频分复用技术是一种并行数据传输系统，可以在同一电力线不同带宽的信道上传输数据。这些数据可以相互重叠，彼此正交，重叠越大，分成的信道数也就越多。所有信道加在一起就可以获得较高的数据速率和更有效的频谱利用率。

OFDM 系统的调制和解调过程等效于离散傅氏逆变换和离散傅氏变换处理。其核心技术是离散傅氏变换，若采用数字信号处理(DSP)技术和 FFT 快速算法，则无需束状滤波器组，实现比较简单，最新技术已经实现了高达 200 M 的通信带宽。

3) PLC 的特点

(1) 高压载波路由合理，通道建设投资相对较低。

高压电力线路的路由走向为沿着终端站到枢纽站，再到调度所，正是电力调度通信所要求的合理路由，并且载波通道建设无需考虑线路投资，因此它当之无愧地成为电力通信的基本通信方式。电力线载波通道往往先于变电站完成建设，对于新建电站的通信开通十分有利。

(2) 传输频带受限，传输容量相对较小。

在当今通信业务已大大开拓的情况下，载波通道的信道容量已成为其进一步发展的"瓶颈"。尽管在载波频谱的分配上研究了随机插空法、分小区法、分组分段法、频率阻塞法、地图色法和计算机频率分配软件，并且规定不同电压等级的电力线路之间不得搭建高频桥路，使载波频率尽量得以重复使用，但还是不能满足需要。近年来光纤通信的发展和全数字电力线载波机的出现，稍微缓解了载波频谱的紧张程度。

(3) 可靠性要求高。

电力线载波机要求具有较高的可靠性：一是在电力系统中传输重要调度信息的需要；另一是电压隔离的人身安全需要。为此，电力线载波机在出厂前必须进行高温老化处理，最终检验必须包含安全性检验项目。为此，国家质检总局从 20 世纪 80 年代开始即对电力线载波机(类)产品实行了强制性生产许可证管理。目前，管理的范围已包括各种电压等级的载波机、继电保护收发信机、载波数据传输装置(如配网自动化和抄表系统的载波部分)和电力线上网调制解调器。目前，大多数高压及中压电力线载波机生产企业已按照生产许可证的要求建立了较为完善的质量体系。

(4) 线路噪声大。

电力线路作为通信媒介带来的噪声干扰远比电信线路大得多，如图 3.21 所示。在高压电力线路上，游离放电电晕、绝缘子污闪放电、开关操作等产生的噪声比较大，尤其是突发噪声具有较高的电平。

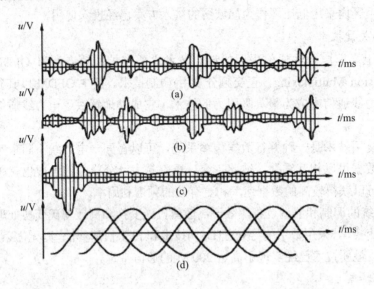

图 3.21　水平排列电力线通道的杂音波形

(5) 对外界的干扰。

由于高压电力线载波频段限制在 40～500 kHz，因此只要控制载波机的谐波和交调干扰发射功率足够小，即可避免对外界的干扰。需要研究的是在 220 V 线路上的扩频电线上网装置的干扰问题，这类装置为了实现高速数据通信，往往占用频带达 30 MHz 甚至更多。据国外报道，当电力线数据通信使用 2～30 MHz 的频带传输数据时，将对该频段的短波无线电广播等产生影响。目前我国还没有建立这方面的标准，应当将这种干扰限制在何种程度还需要进一步研究。

(6) 网络应用要求更高。

现代通信对电力线载波的要求更侧重于网络方面，需要将原先仅限于通道的概念扩展为网络概念。以往的电力线载波机主要靠自动盘和音转接口实现小范围的联网。而将载波机与调度机协同考虑，实现载波机协同变电站调度机的组网应用，以及适当设置能够与通信网监测系统接口的数据采集变送器，应当是近几年考虑的问题。电力线载波在中、低压线路上的应用在开始阶段就是建立在网络应用的基础之上的。

4) PLC 的发展展望

传统的 PLC 主要利用高压输电线路作为高频信号的传输通道，仅仅局限于传输话音、远动控制信号等，应用范围窄，传输速率较低，不能满足宽带化发展的要求。目前 PLC 正在向大容量、高速率方向发展，同时转向采用低压配电网进行载波通信，实现家庭用户利用电力线打电话、上网等多种业务。国外，如美国、日本、以色列等国家正在开展低压配电网通信的研究和试验。由美国 3COM、Intel、Cisco 及日本松下等 13 家公司联合组建使用电力线作为传送媒介的家庭网络推进团体——"Home Plug Powerline Alliance"(家庭插电联盟)已经提出家庭插座(Home Plug)计划,旨在推动以电力线为传输媒介的数字化家庭(Digital Home)。我国也正在进行利用电力线上网的试验研究。可以预见,将来人们可以使用电力线实现计算机联网及 Internet 接入、小区安全监控、智能自动抄表、家庭智能网络管理等业务,以低压电力线为传输媒介的载波通信技术必将得到更为广泛的关注和研究。未来的 PLC 应该能实现通信业务的综合化、传输能力的宽带化和网络管理的智能化,并能实现与远程网的无缝连接。

目前,还存在以下三个方面的问题有待进一步研究:

(1) 硬件平台:主要包括通信方式的合理选择、通信网络结构的优化选择等。扩频方式、OFDM 技术和多维网格编码方式各有优点,哪一种适合低压网还有待研究,或者也可以采用软件无线电的思想为这三种方式提供一个统一的平台。电力网的结构非常复杂,网络拓扑千变万化,如何优化通信网结构也是值得研究的问题。

(2) 软件平台:主要包括进一步研究 PLC 通信理论,改进信号处理技术和编码技术以适应 PLC 特殊的环境。除了研究适合电力线通信的调制技术、编码技术外,还需要研究自适应信道均衡、回波抵消技术、自适应增益调整等,这些技术在低压 PLC 对保障通信尤为重要。

(3) 网络管理问题:除了上网、打电话外,低压电力线还可以完成远程自动读出水、电、气表数据;永久在线连接,构建防火、防盗、防有毒气体泄漏等的保安监控系统;构建医疗急救系统等。因此,利用电力线可以传输数据、语音、视频和电力,实现"四网合一",也就是说家中的任何电器都可以接入到网络中与骨干网连接。但是,如何实现四种网络的无缝连接以及由此带来的非常复杂、庞大的网络管理问题,还需要进一步的研究。

3.3.4　微机电系统技术

MEMS(Micro-Electro-Mechanical Systems)是微机电系统的缩写。MEMS 是美国的叫法,在日本被称为微机械,在欧洲被称为微系统。目前,MEMS 加工技术又被广泛应用于微流控芯片与合成生物学等领域,从而进行生物化学等实验室技术流程的芯片集成化。作为纳米科技的一个分支,MEMS 被称为电子产品设计中的"明星"。

MEMS 主要包括微型机构、微型传感器、微型执行器和相应的处理电路等几部分,它是在融合多种微细加工技术,并应用现代信息技术的最新成果的基础上发展起来的高科技前沿学科。

MEMS 技术的发展开辟了一个全新的技术领域和产业,采用 MEMS 技术制作的微传感器、微执行器、微型构件、微机械光学器件、真空微电子器件、电力电子器件等在航空、航天、汽车、生物医学、环境监控、军事以及几乎人们所接触到的所有领域中都有着十分广阔的应用前景。MEMS 技术正发展成为一个巨大的产业,就像近 20 年来微电子产业和计算机产业给人类带来的巨大变化一样,MEMS 也正在孕育一场深刻的技术变革,并对人类社会产生新一轮的影响。目前 MEMS 市场的主导产品为压力传感器、加速度计、微陀螺仪、墨水喷嘴和硬盘驱动头等。大多数工业观察家预测,未来 5 年 MEMS 器件的销售额将呈迅速增长之势，年平均增加率约为 18%。因此，它对机械电子工程、精密机械及仪器、半导体物理等学科的发展带来了极好的机遇和严峻的挑战。

经过几十年的发展，MEMS 已成为世界瞩目的重大科技领域之一。它涉及电子、机械、材料、物理学、化学、生物学、医学等多种学科与技术，具有广阔的应用前景。目前，全世界有大约 600 余家单位从事 MEMS 的研制和生产工作，已研制出包括微型压力传感器、加速度传感器、微喷墨打印头、数字微镜显示器在内的几百种产品，其中微传感器占相当大的比例。微传感器是采用微电子和微机械加工技术制造出来的新型传感器。与传统的传感器相比，它具有体积小、重量轻、成本低、功耗低、可靠性高、适于批量化生产、易于集成和实现智能化的特点。同时，在微米量级的特征尺寸使得它可以完成某些传统机械传感器所不能实现的功能。

1. MEMS 技术简述

MEMS 是一种全新的必须同时考虑多种物理场混合作用的研发领域，相对于传统的机械，它们的尺寸更小，最大的不超过一个厘米，甚至仅为几个微米，其厚度就更加微小；采用以硅为主的材料，电气性能优良，硅材料的强度、硬度和杨氏模量与铁相当，密度与铝类似，热传导率接近钼和钨；采用与集成电路(IC)类似的生成技术，可大量利用 IC 生产中的成熟技术、工艺进行大批量、低成本生产，使性价比相对于传统"机械"制造技术大幅度提高。

完整的 MEMS 是由微传感器、微执行器、信号处理和控制电路、通信接口和电源等部件组成的一体化的微型器件系统。其目标是把信息的获取、处理和执行集成在一起，组成具有多功能的微型系统，集成于大尺寸系统中，从而大幅度地提高系统的自动化、智能化和可靠性水平。

沿着系统及产品小型化、智能化、集成化的发展方向，可以预见：MEMS 会给人类社会带来另一次技术革命，它将对 21 世纪的科学技术、生产方式和人类生产质量产生深远影响，是关系到国家科技发展、国防安全和经济繁荣的一项关键技术。

制造商正在不断完善手持式装置来提供体积更小而功能更多的产品。但矛盾之处在于，随着技术的改进，价格往往也会出现飙升。所以这就导致一个问题：制造商不得不面对相互矛盾的要求——在让产品功能超群的同时降低其成本。

解决这一难题的方法之一是采用微机电系统，更流行的说法是 MEMS，它使得制造商能将一件产品的所有功能集成到单个芯片上。MEMS 对消费电子产品的终极影响不仅包括成本的降低，也包括在不牺牲性能的情况下实现尺寸和重量的减小。事实上，大多数消费类电子产品所用 MEMS 元件的性能比已经出现的同类技术大有提高。

手持式设备制造商逐渐意识到 MEMS 的价值以及这种技术所带来的好处——大批量、低成本、小尺寸，开始面向成功的 MEMS 公司，其所实现的成本削减幅度之大，将影响整个消费类电子世界，而不仅是高端装置。MEMS 在整个 20 世纪 90 年代都由汽车工业主导；在过去几年中，由于 iPhone 和 WiFi 的出现，全世界的工程师都看到了运动传感器带来的创新，使 MEMS 在消费电子产业出现爆炸式的增长，成为改变终端产品用户体验以及实现产品差异化的核心要素。

2. MEMS 技术的发展历史

MEMS 第一轮商业化浪潮始于 20 世纪 70 年代末 80 年代初，当时用大型蚀刻硅片结构和背蚀刻膜片制作压力传感器。薄硅片振动膜在压力下的变形会影响其表面的压敏电阻走线，这种变化可以把压力转换成电信号。后来的电路则包括电容感应移动质量加速计，用于触发汽车安全气囊和定位陀螺仪。

第二轮商业化出现于 20 世纪 90 年代，主要围绕着 PC 和信息技术的兴起。TI 公司根据静电驱动斜微镜阵列推出了投影仪，而热式喷墨打印头现在仍大行其道。

第三轮商业化可以说出现于世纪之交，微光学器件通过全光开关及相关器件而成为光纤通信的补充。尽管该市场现在较萧条，但从长期来看微光学器件将是 MEMS 一个增长强劲的领域。

目前 MEMS 产业呈现的新趋势是产品应用的扩展，其开始向工业、医疗、测试仪器等新领域扩张。推动第四轮商业化的其它应用包括一些面向射频无源元件、在硅片上制作的音频、生物和神经元探针，以及所谓的"片上实验室"生化药品开发系统和微型药品输送系统的静态和移动器件。

MEMS 的应用在不断扩大，它的主要应用市场——消费电子市场，2008 年增长了 5.5%，达 70 亿美元。另一方面，人们看到手持媒体播放器和手机自 2009 年起都有可能开始应用 MEMS。而到 2012 年可望几乎每个消费电子产品都至少配置 1 个 MEMS 芯片。特别是基于 MEMS 的加速度计，在以 iPhone 为代表的智能手机中都必然会有应用。因此，世界 MEMS 加速度计市场将从 2007 年的 6500 万个增长到 2012 年的 9 亿个，销售额达 13 亿美元，而手机用 MEMS 的销售额将达 25 亿美元。2008 年汽车用 MEMS 市场约 13 亿美元，其中汽车稳定控制用 MEMS 传感器 2012 年即将增长到 7.15 亿美元。平板显示器等为了降低功耗及提高亮度和彩色精确度，也将从 2012 年起采用 MEMS。

图 3.22 所示为 2002～2012 年消费类电子加速度计的应收和出货量预测。

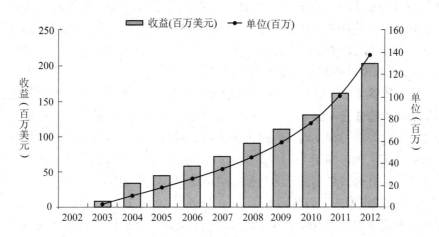

图 3.22　2002～2012 年消费类电子加速度计的应收和出货量预测

3. 微传感器研究的现状与发展方向

从 MEMS 的起源和市场来看，MEMS 未来的发展趋势可以归纳为四个方面：微细化、集成化、多元化与产业化。

1) 微机械压力传感器

微机械压力传感器是最早研制的微机械产品，也是微机械技术中最成熟、最早开始产业化的产品。从信号检测方式来看，微机械压力传感器分为压阻式和电容式两类，分别以微机械加工技术和牺牲层(即在形成微机械结构的空腔或可活动的微结构过程中被去掉的下层薄膜)技术为基础制造。从敏感膜结构来看，有圆形、方形、矩形、E 形等多种结构。目前，压阻式压力传感器的精度可达 0.05%～0.01%，年稳定性达 0.1%/(F · S)，温度误差为 0.0002%，耐压可达几百兆帕，过压保护范围可达传感器量程的 20 倍以上，并能进行大范围下的全温补偿。现阶段微机械压力传感器的主要发展方向有以下几个：

(1) 将敏感元件与信号处理、校准、补偿、微控制器等进行单片集成，研制智能化的压力传感器。

在这一方面，Motorala 公司的 YoshiiY 等人在 Transducer' 97 上报道的单片集成智能压力传感器堪称典范。这种传感器在一个 SOI 晶片上集成了压阻式压力传感器、温度传感器、CMOS 电路、电压电流调制、8 位 MCU 内核(68H05)、10 位模/数(A/D)转换器、8 位数/模(D/A)转换器、2 KB EPROM、128 B RAM、启动系统 ROM 和用于数据通信的外围电路接口，其输出特性可以由 MCU 的软件进行校准和补偿，在相当宽的温度范围内具有极高的精度和良好的线性。

(2) 进一步提高压力传感器的灵敏度，实现低量程的微压传感器。

这种结构以 Endevco 公司在 1977 年提出的双岛结构为代表，它可以实现应力集中，从而提高了压阻式压力传感器的灵敏度，可实现 10 kPa 以下的微压传感器。1989 年复旦大学提出了一种梁膜结构来实现应力集中，其结构可看做一个正面的哑铃形梁叠加在平膜片上，可实现量程为 1 kPa 的微压传感器。另外，还有美国 Honeywell 公司在 1992 年提出的 "RibbedandBossed" 结构和德国柏林技术大学提出的类似结构，这种微压传感器用于脉动风压、流量和密封件泄露量标识等领域。

(3) 提高工作温度，研制高低温压力传感器。

压阻式压力传感器由于受 PN 结耐温的限制，只能用于 120℃以下的环境温度。然而在许多领域迫切需要能够在高温下正常工作的压力传感器，例如测量锅炉、管道、高温容器内的压力及井下压力和各种发动机腔体内的压力。目前，对高温压力传感器的研究主要包括 SOS、SOI、SiC、Poly Si 合金薄膜溅射压力传感器、高温光纤压力传感器、高温电容式压力传感器等。其中 6HSiC 高温压力传感器可望在 600℃下应用。

(4) 开发微机械谐振式压力传感器。

微机械谐振式压力传感器除了具有普通微传感器的优点外，还具有准数字信号输出、抗干扰能力强、分辨力和测量精度高的优点。硅微谐振式传感器的激励/检测方式有电磁激励/电磁拾振、静电激励/电容拾振、逆压电激励/压电拾振、电热激励/压敏电阻拾振和光热激励/光信号拾振。其中，电热激励/压敏电阻拾振的微谐振式压力传感器价格低廉，与工业

IC 技术兼容，可将敏感元件与信号调理电路集成在一块芯片上，具有诱人的应用前景。这种传感器的温度交叉灵敏度较大，为此设计了一种具有温度自补偿功能的复合微梁谐振式压力传感器。谐振器由在同一硅片上制作的微桥谐振器和微悬臂梁谐振器组成，微桥谐振器和微悬臂梁谐振器材料相同，厚度相等或相近，制作工艺完全相同，同时制作，因而二者对温度变化可以同步响应。通过数据融合技术，作为温敏元件的微悬臂梁谐振器的谐振频率实时补偿温度变化对微桥谐振器谐振频率的交叉灵敏度。经补偿的谐振式压力传感器的温度交叉灵敏度减小了两个数量级。光热激励/光学信号检测的微谐振式压力传感器具有抗电磁干扰、防爆等优点，是对电热激励/压敏电阻拾振的微谐振式压力传感器的有益补充，但是需要复杂的光学系统，不易实现，成本较高。

2) 微加速度传感器

硅微加速度传感器是继微压力传感器之后第二个进入市场的微机械传感器。其主要类型有压阻式、电容式、力平衡式和谐振式。

其中最具有吸引力的是力平衡加速度计，其典型产品是 Kuehnel 等人在 1994 年报道的 AGXL50 型。其结构包括四个部分：质量块、检测电容、力平衡执行器和信号处理电路，它们集成制作在 3 mm × 3 mm 的硅片上，其中机械部分采用表面微机械工艺制作，电路部分采用 BiCMOSIC 技术制作。随后 Zimmermann 等人报道了利用 SIMOXSOI 芯片制作的类似结构，Chan 等人报道了一种改进型力平衡式加速度传感器。这种传感器在汽车的防撞气袋控制等领域有广泛的用途，成本在 15 美元以下。国内在微加速度传感器的研制方面也做了大量的工作，如西安电子科技大学研制的压阻式微加速度传感器和清华大学微电子所开发的谐振式微加速度传感器。后者采用电阻热激励、压阻电桥检测的方式，其敏感结构为高度对称的 4 角支撑质量块形式，在质量块的 4 边与支撑框架之间制作了 4 个谐振梁，用于信号检测。

3) 微机械陀螺仪

角速度一般是用陀螺仪来进行测量的。传统的陀螺仪是利用高速转动的物体具有保持其角动量的特性来测量角速度的。

微机械陀螺仪的精度很高，但结构复杂，使用寿命短，成本高，一般仅用于导航方面，而难以在一般的运动控制系统中应用。实际上，如果不是受成本限制，角速度传感器可在诸如汽车牵引控制系统、摄像机的稳定系统、医用仪器、军事仪器、运动机械、计算机惯性鼠标、军事等领域有广泛的应用前景。因此，近年来人们把目光投向微机械加工技术，希望研制出低成本、可批量生产的固态陀螺。目前常见的微机械角速度传感器有双平衡环结构、悬臂梁结构、音叉结构、振动环结构等。但是，目前实现的微机械陀螺的精度还不到 $10°$ /h，离惯性导航系统所需的 $0.1°$ /h 相差甚远。

4) 微流量传感器

微流量传感器，不仅外形尺寸小，能达到很低的测量量级，而且死区容量小，响应时间短，适合于微流体的精密测量和控制，如图 3.23 所示。目前国内外研究的微流量传感器依据工作原理可分为热式(包括热传导式和热飞行时间式)、机械式和谐振式三种。

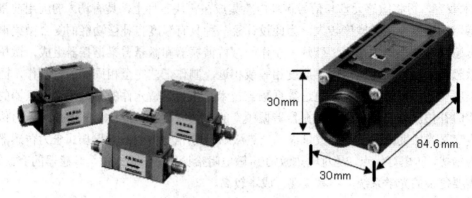

30mm

84.6mm

30mm

图 3.23　微流量传感器

荷兰 Twente 大学的 Rob.LegtenBerg 等人利用薄膜技术和微机械加工技术制作了一对具有相对 V 型槽的谐振器芯片和顶盖芯片，利用低温玻璃键合技术将二者键合在一起，形成了质量流量传感器，相对的 V 型槽形成流体通过的流管。当激励电阻和检测电桥产生的热量使谐振器温度上升到高于环境温度的某一温度，且有气流流过流管而气体流量的不同时，对流换热会使谐振器温度降低至不同的温度。由于谐振器和衬底材料不同，不同温度对应不同的内应力，因而可通过谐振器的谐振频率大小得到流量的大小。谐振器既可以是微桥谐振器，也可以是方膜谐振器。研究表明，质量流量传感器的灵敏度与向衬底传导的热量和对流换热之比有关。对相同材料制作的微桥谐振器和微方膜谐振器来说，后者向衬底传导的热量更多，因而其灵敏度较桥谐振器低。对氮化硅桥谐振器来说，在压曲临界温度以下，灵敏度为 4 kHz/Sccm；在压曲温度以上，灵敏度为 –7 kHz/Sccm。

5) 微气敏传感器

气敏传感器的工作原理是声表面波器件的波速和频率会随外界环境的变化而发生漂移。气敏传感器就是利用这种性能在压电晶体表面涂覆一层选择性吸附某气体的气敏薄膜，当该气敏薄膜与待测气体相互作用(化学作用、生物作用或者是物理吸附)，使得气敏薄膜的膜层质量和导电率发生变化时，将引起压电晶体的声表面波频率发生漂移；气体浓度不同，膜层质量和导电率变化程度亦不同，即引起声表面波频率的变化也不同。通过测量声表面波频率的变化，就可以准确反映气体浓度的变化。

图 3.24 所示即为微气敏传感器。

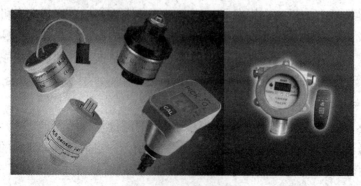

图 3.24　微气敏传感器

根据制作材料的不同，微气敏传感器可分为硅基气敏传感器和硅微气敏传感器。其中前者以硅为衬底，敏感层为非硅材料，是当前微气敏传感器的主流。微气体传感器可满足人们对气敏传感器集成化、智能化、多功能化等要求。例如，许多气敏传感器的敏感性能和工作温度密切相关，因而需要同时制作加热元件和温度探测元件，以监测和控制温度。MEMS 技术很容易将气敏元件和温度探测元件制作在一起，保证微气敏传感器优良性能的发挥。

谐振式气敏传感器不需要对器件进行加热，且输出信号为频率量，是硅微气敏传感器发展的重要方向之一。

6) 微机械温度传感器

微机械温度传感器与传统的传感器相比，具有体积小、重量轻的特点。沈阳市传感技术研究所开发了一种硅/二氧化硅双层微悬臂梁温度传感器。基于硅和二氧化硅两种材料热膨胀系数的差异，不同温度下梁的挠度不同，其形变可通过位于梁根部的压敏电桥来检测。其非线性误差为 0.9%，迟滞误差为 0.45%，重复性误差为 1.63%，精度为 1.9%。

3.4　两个技术范畴

3.4.1　智能网络空间技术

当你拿起柚子，它会告诉你含糖量及合理的摄入量；当你准备出门，电脑包会提醒你忘带了什么东西；当你坐进驾驶室，汽车会警示你酒精过度并拒绝行驶；当你在回家的路上，冰箱会告诉你储存了什么食物，并推荐相应的菜谱。家里冰箱空了，或者是储存食物快过保质期，冰箱会自动提示你赶紧去购买。你呢，只需手指一按，商家便会送货上门。而当衣服需要清洗时，洗衣机会智能识别衣服的质地、色彩、洁净度等，并自动设置洗涤程序……你能想象这样的一个世界吗？一个物品和物品直接相连的新互联网时代。

这是"物联网"的一个缩影。不同的是，在物联网时代，覆盖范围不再局限在某一个购物场所，也不是某一个地区，而是扩展到全球范围。 我们可以把物联网工作的基本原理简单表述为：传感设备自动感应物品属性信息，再通过无线数据通信网络采集到中央信息处理系统，实现对物品的"透明"和"智能"管理。

在物联网时代，无处不在的传感设备犹如无数双"锐眼"，将密密麻麻的装有电子标签的物品尽收眼底。物联网中央信息处理系统则通过云计算等技术，对整个网络内的人员、设备、物品和基础设施进行实时的运算、控制和管理。

智能空间(intelligent space/iSpace/smart space)的研究为智能服务技术提供了理论依据，为如何利用空间信息提供服务提供了解决方法。

自 20 世纪 90 年代末起，人们对智能空间展开了研究，但到目前为止，尚未形成智能空间的明确定义。按照美国国家标准和技术学会(NIST)给出的定义，智能空间是"一个嵌入了计算、信息设备和多模态传感器的工作空间，其目的是使用户能非常方便地在其中访问信息和获得计算机的服务，以此来高效地进行单独工作和与他人的协同工作"。智能空间可以看成是物理世界和信息空间的融合,具备感知/观察、分析/推理、决策/执行三大基本功能。这种融合表现为两个方面:① 物理世界中的物体将与信息空间中的对象互相关联;② 物理世界中物体状态的变化会引发信息空间中相关联的对象状态的改变,反之亦然。智能空间的目的是建立一个以人为中心的充满计算和通信能力的空间,让计算机参与到从未涉及计算行为的活动中,使用户能像与他人一样与计算机系统发生交互,从而使用户能随时随地、透明地获得人性化的服务,如图 3.25 所示。

图 3.25　智能空间

智能空间应具备的基本要求可概括为:

(1) 用户及其携带的移动设备能方便地与智能空间进行交互,从而为用户的日常活动提供方便。

(2) 能自动捕获和动态监测其中发生的活动,提供信息显示和活动记录。

(3) 能对发生的特定事件做出合理反应,并采取相应措施。

(4) 对空间中的各种动态变化具有鲁棒性和适应性。

智能空间主要有如下特点:

(1) 智能空间是一个庞大的系统工程,涉及的研究领域甚广,需要解决的问题繁多,需综合各种技术进行构建。

(2) 它是一个嵌入性和移动性都很高的计算环境。

(3) 用普适网络联系物理世界,是物理世界和信息空间的融合。

(4) 可做出实时的、上下文敏感的决策。

(5) 系统具有适应性,能提供便捷性的应用。

(6) 与智能空间相结合的物理范围,已由最初的建筑物、房屋尺度,逐渐扩展到室外环境和用户涉足的其他空间(如高速公路上的汽车、表演舞台等),形成了所谓的"广域智能空间"。从普适计算的角度看,智能空间是一类集成化的系统,因此可以作为普适计算环境的实验床。同时,它也具有十分重要的应用价值,在供应链、环境监测、休闲体验、卫生保健、应急反应、智能交通、机器人等领域显示出广泛的应用前景。

智能空间中包含有大量作为"接口"的硬件设备,根据用途可以大致分为以下两大类:

(1) 用来维持正常运行的系统设备。主要包括：获取现实物理世界中环境参数(如图像、语音、温度等)的设备，如传感器节点、照相机、麦克风等；分析环境参数以捕获信息的处理器；基于推理信息做出相应决策的执行器，如扬声器、放映机、机器人等；能量供应设备，如电池、电网装置等。

(2) 用来提供日常服务的用户设备。主要包括：传统的输入/输出设备，如鼠标、键盘、发光二极管等；方便用户在任何地点与智能空间进行交互的无线移动设备，如寻呼机、个人数字助理(PDA)、手机、掌上电脑等；带有自适应性的智能设备，如智能家具、生物传感器、智能机器人等。

需要说明的是，这两大类设备之间并不是严格区分的，有的设备可以同时归为系统设备和用户设备，如机器人、生物传感器等。智能空间中的设备大都需要将嵌入式处理器和各种功能模块(如供电、传感、通信、计算等功能)集成起来，从而对硬件设备提出了以下新的和更高的要求：

(1) 具有很强的硬件通信、信息处理、存储能力。

(2) 要求设备尺寸多样化、重量轻型化、功耗微小化、成本廉价化。

(3) 为设备提供充足的能量，同时要求芯片节能。

(4) 要求用户界面富于表达情感，能与用户方便地交流。

智能空间的一个明显特点是用普适网络(pervasive net working)连接物理世界。作为一种普遍互联的环境，智能空间包含计算机、各种物体之间以不同方式产生的相互连接。智能空间的网络环境包含互联网、自组织网络(ad hoc)、无线传感器网络等不同类型的网络。普适网络是以多种无线网和移动网接入互联网实现的异构集成网络，可视为由用户、物理世界中的感知器、嵌入计算资源、系统提供的服务这四部分共同协作所构成的空间，具有移动性、多样性、间断通信、提供动态性和暂时性服务等特点。普适网络支持异构环境和多种设备的自动互联，能感知物理的传感器节点和设备，其运作过程可看做是嵌入计算资源利用感知器的感知结果，通过计算使用户获得系统所提供的无处不在的通信服务的过程。要在智能空间中构建一个安全、保密、可信任的普适网络，应具备如下要求：

(1) 能自动构建合作区域，产生可适应流动和变化的拓扑结构。

(2) 在没有手动配置和管理的情况下，提供自动的资源和位置发现。

(3) 为访问网络资源提供安全、专用、可鉴别的机制。

(4) 对网络状况(如网络拥塞、无线传输误差等)和环境的动态变化具有适应性。

当前普适网络的研究主要集中在无线和移动网络、自组织网、无线传感器网络等方面。

物联网智能空间技术的分类：

(1) 通信介质的选取研究(WiFi，WSN，PLC，RS232)；

(2) 服务中心/网关/控制器的研究；

(3) 子网适配器/控制器的研究；

(4) 软件中间件/MULTI-AGENT 技术；

(5) 智能算法与服务模型；

(6) 数据挖掘技术；

(7) 云计算技术；

(8) 实时数据库技术。

系统软件(software infrastructure)的作用是对智能空间中大量的物体、信息设备、计算实体进行管理，为它们之间的数据交换、消息交互、服务发现、任务协调、任务迁移等提供系统级的支持。与传统分布式系统软件不同，智能空间中的系统软件主要有两个基本特点：物理集成(physical integration)和自发互操作(spontaneous interoperation)。智能空间环境具有任务动态性、资源有限性、设备异质性等特点，从而要求系统软件具有很强的适应性和自适应性。这表现为：一方面，在不中断服务和最小限度的人为干预情况下，要求系统软件能适应用户、环境、故障等；另一方面，要求系统软件具备可修改性，能被更新升级以满足用户需要。系统软件还需要解决设备与服务的发现、协作计算、有限资源下通信等问题，从而建立有效的模块间协调机制(inter-module coordination)，实现对物理实体的管理，保证系统的鲁棒性和安全性。

3.4.2　物联网终端技术

物联网终端是物联网中连接传感网络层和传输网络层，实现数据采集及向网络层发送数据的设备。它担负着数据采集、初步处理、加密、传输等多种功能。目前，物联网终端(包括连接它的业务网关接入网络)主要有两大形式：通过有线接入或者移动网无线接入。因此，对终端的管理必然要跨越不同的网络、不同的技术。

1. 物联网终端的基本原理及作用

物联网终端的基本原理：物联网终端由外围感知(传感)接口、中央处理模块和外部通信接口三个部分组成。通过外围感知接口与传感设备连接，如 RFID 读卡器、红外感应器、环境传感器等，将这些传感设备的数据进行读取，并通过中央处理模块处理后，按照网络协议，通过外部通信接口，如 GPRS 模块、以太网接口、WiFi 等方式发送到以太网的指定中心处理平台。物联网终端内部结构图如图 3.26 所示。

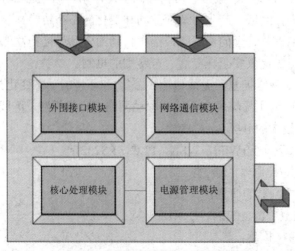

图 3.26　物联网终端内部结构图

物联网终端的作用：物联网终端属于传感网络层和传输网络层的中间设备，也是物联网的关键设备，通过它的转换和采集，才能将各种外部感知数据汇集和处理，并将数据通过各种网络接口方式传输到互联网中。如果没有它的存在，传感数据将无法送到指定位置，"物"的联网将不复存在。

2. 物联网终端的分类

1) 按照行业应用分类

物联网终端按照行业应用主要分为工业设备检测终端、设施农业检测终端、物流 RFID 识别终端、电力系统检测终端和安防视频监测终端。下面就几个常用行业介绍一下终端的主要特点。

(1) 工业设备检测终端：该类终端主要安装在工厂的大型设备上或工矿企业的大型运动机械上，用来采集位移传感器、位置传感器(GPS)、震动传感器、液位传感器、压力传感器、温度传感器等数据，通过终端的有线网络或无线网络接口发送到中心处理平台进行数据的汇总和处理，实现对工厂设备运行状态的及时跟踪和大型机械的状态确认，达到安全生产的目的。抗电磁干扰和防爆性是此类终端考虑的重点。

(2) 设施农业检测终端：该类终端一般被安放在设施农业的温室/大棚中，主要采集空气温湿度传感器、土壤温度传感器、土壤水分传感器、光照传感器、气体含量传感器的数据，将数据打包、压缩、加密后通过终端的有线网络或无线网络接口发送到中心处理平台进行数据的汇总和处理。这种系统可以及时发现农业生产中不利于农作物生长的环境因素并在第一时间内通知使用者纠正这些因素，提高作物产量，减少病虫害发生的概率。终端的防腐、防潮设计将是此类终端的重点。

(3) 物流 RFID 识别终端：该类设备分固定式、车载式和手持式。固定式一般安装在仓库门口或其他货物通道，车载式安装在物流运输车中，手持式则由使用者手持使用。固定式一般只有识别功能，用于跟踪货物的入库和出库；车载式和手持式一般具有 GPS 定位功能和基本的 RFID 标签扫描功能，用来识别货物的状态、位置、性能等参数，通过有线或无线网络将位置信息和货物基本信息传送到中心处理平台。通过该终端的货物状态识别，物流管理将变得非常顺畅和便捷，大大提高了物流的效率。

2) 按照使用场合分类

物联网终端按照使用场合主要分为三种：固定终端、移动终端和手持终端。

(1) 固定终端：应用在固定场合，常年固定不动，具有可靠的外部供电和可靠的有线数据链路，用于检测各种固定设备、仪器或环境的信息，如前面说的设施农业、工业设备用的终端均属于此类。

(2) 移动终端：应用在终端与被检测设备一同移动的场合。该类终端因经常发生运动，所以没有太可靠的外部电源，需要通过无线数据链路进行数据的传输，主要检测图像、位置、运动设备的某些物理状态等。该类终端一般要具备良好的抗震、抗电磁干扰能力，此外对供电电源的处理能力也较强，有的具备后备电源。一些车载仪器、车载视频监控、货车/客车 GPS 定位等使用此类终端。

(3) 手持终端：是在移动终端的基础上进行的改造和升级，小巧、轻便，使用者可以随身携带，有后备电池，一般可以断电连续使用 8 小时以上。手持终端有可以连接外部传感设备的接口，采集的数据一般可以通过无线进行及时传输，或在积累到一定程度后连接有线传输。该类终端大部分应用在物流 RFID 识别、工厂参数表巡检、农作物病虫害普查等领域。

3) 按照传输方式分类

物联网终端按照传输方式主要分为以太网终端、WiFi 终端、2G 终端、3G 终端等，有些智能终端具有上述两种或两种以上的接口。

(1) 以太网终端：应用在数据量传输较大、以太网条件较好、现场很容易布线并具有连接互联网条件的场合。一般应用在工厂的固定设备检测、智能楼宇、智能家居等环境中。

(2) WiFi 终端：应用在数据量传输较大、以太网条件较好，但终端部分布线不容易或不能布线的场合，通过在终端周围架设 WiFi 路由或 WiFi 网关等设备实现。一般应用在无线城市、智能交通等需要大数据无线传输的场合或终端周围不适合布线但需要高数据量传输的场合。

(3) 2G 终端：应用在小数据量移动传输的场合或野外工作场合，如车载 GPS 定位、物流 RFID 手持终端、水库水质监测等。该类终端因具有移动中或野外条件下的联网功能，所以为物联网的深层次应用提供了更加广阔的市场。

(4) 3G 终端：该类终端是在上面终端基础上的升级，增加了上下行的通信速度，以满足移动图像监控、下发视频等应用需要，如警车巡警图像的回传、动态实时交通信息的监控等。在一些大数据量的传感应用，如震动量的采集或电力信号实施监测中也可以用到该类终端。

4) 按照使用扩展性分类

物联网终端按照使用扩展性主要分为单一功能终端和通用智能终端两种。

(1) 单一功能终端：外部接口较少，设计简单，仅满足单一应用或单一应用的部分扩展，除了这种应用外，在不经过硬件修改的情况下无法应用在其他场合中。目前市场上此类终端较多，如汽车监控用的图像传输服务终端、电力监测用的终端、物流用的 RFID 终端，这些终端的功能单一，仅适用于特定场合，不能随应用变化而进行功能改造和扩充等。因功能单一，所以该类终端的成本较低，也比较好标准化。

(2) 通用智能终端：因考虑到行业应用的通用性，所以外部接口较多，设计复杂，能满足两种或更多场合的应用。它可以通过内部软件的设置、修改应用参数或通过硬件模块的拆卸来满足不同的应用需求。该类模块一般涵盖了大部分应用对接口的需求，并具有网络连接的有线、无线多种接口方式，还扩展了如蓝牙、WiFi、ZigBee 等接口，甚至预留一定的输出接口用于物联网应用中对"物"的控制等。该类终端开发难度大，成本高，未标准化，目前市面很少。

5) 按照传输通路分类

物联网终端按照传输通路主要分为数据透传终端和非数据透传终端。

(1) 数据透传终端：在输入口与应用软件之间建立起数据传输通路，使数据可以通过模块的输入口输入，通过软件原封不动地输出，表现给外界的方式相当于一个透明的通道，因此叫数据透传终端。目前，该类终端在物联网集成项目中得到大量采用。其优点是很容易构建出符合应用的物联网系统，缺点是功能单一。在一些多路数据或多类型数据传输时，需要使用多个采集模块进行数据的合并处理后，才可通过该终端传输。否则，每一路数据都需要一个数据透传终端，这样会加大使用成本和系统的复杂程度。目前市面上的大部分通用终端都是数据透传终端。

(2) 非数据透传终端：一般将外部多接口的采集数据通过终端内的处理器合并后传输，因此具有多路同时传输的优点，同时减少了终端数量。其缺点是只能根据终端的外围接口选择应用，如果满足所有应用，则该终端的外围接口种类就需要很多，在不太复杂的应用中会造成很多接口资源的浪费。因此，接口的可插拔设计是此类终端的共同特点，前文提到的通用智能终端就属于此类终端。数据传输应用协议在终端内已集成，作为多功能应用，通常需要提供二次开发接口。目前市面上该类终端较少。

3. 物联网终端的广泛应用

1) 终端推广的最大障碍——终端的标准化

目前，物联网技术在中国的蓬勃发展使我们看到了未来广阔的市场。据专家估计，未来3~5年内随着我国物联网技术的推广和普及，终将形成一个万亿级规模的大市场。现今，制约物联网技术大规模推广的主要原因则是终端不兼容，不同厂商的设备和软件无法在同一个平台上使用，设备间的协议没有统一的标准。因此，在物联网的普及和终端的大规模推广前必须解决标准化问题，具体表现在以下两个方面：

(1) 硬件接口标准化。物联网的传感设备由不同厂商提供，如果每家的接口规则或通信规则都不同，便会导致终端接口设计的不同，而终端不可能为每个厂商都预留接口。所以，需要传感设备厂商和终端厂商一同制定标准的物联网传感器与终端间的接口规范和通信规范，以满足不同厂商设备间的硬件互通、互连需求。

(2) 数据协议标准化。数据协议指终端与平台层的数据流交互协议，该数据流可以分为业务数据流和管理数据流。中国移动与爱立信合作制定的 WMMP 就是一个很好的管理协议，它的推广和普及必将带动数据协议的标准化进程，方便新研发终端的网络接入及管理。物联网的发展需要国家相关部门主导，相关行业应联合制定出类似 WMMP 甚至更完善的通用协议，以满足各种应用和不同厂家终端的互联问题，扩大未来物联网的推广。

2) 终端的广泛应用分析

目前，物联网终端的规模推广主要局限在国家重点工程的安保、物流领域，"感知中国"中心和一些示范区工程上。没有在其他领域大规模使用的主要原因是：其一，物联网的概念及其带来的效益还不完全为人所知；其二，在一些行业或企业应用中，推广方和使用方还很难找到各自的盈利点和盈利模式。这其中的一个重要原因就是系统的高成本和运行的高费用，而且有些系统实际使用时也并未达到预期的目标，使得使用方失去热情。因此，深入剖析行业应用和降低系统成本——尤其是运行成本将是物联网大规模推广的必由之路。而降低成本的基本条件是：降低终端成本、传感器成本和部署成本，这些都需要大批量的生产和使用才可以实现。随着物联网各种技术的成熟和终端的标准化，物联网中各环节的成本会大大降低。同时，随着行业应用面的不断拓展，更深层次需求的不断被发掘，物联网行业将很快成为利润丰厚的"大蛋糕"。

目前中国移动直接用于物联网的终端数量已经超过了 400 万。除了拥有目前全球最成熟的 M2M 应用和最大规模的 M2M 终端用户外，中国移动还是国内唯一拥有 M2M 专用号码资源的运营商，其号码数量达到了一亿个。物联网需要业内公认的标准，目前中国移动已经推出了一个通信模组的产品，定了一个标准化的协议 WMMP，这个协议可以把通信模块跟传感器之间的信号做一个标准化处理。这样的话，未来各种各样的传感器都可以通过标准化模块上传到信息搜集平台，就能实现复杂应用的快速部署和大规模使用。目前，主流的制造商都已经支持这个协议，模组的产业化方面也取得了不错的进展。在很多应用领域，这些模组已经得到了使用。

4. 物联网终端实例

1) 家用机器人

本文所介绍的家用机器人，在结构上采用舵机加连杆的传动方式，机器人一共有 4 个自由度，整体结构如图 3.27 所示。其中，机器人的两个眼睛分别具有一个自由度，即眼睛由 2 个舵机来控制，可以在水平方向运动，从而达到眼睛左右转动。机器人的眼皮具有一个自由度，而且左右眼皮属于连动的结构，即眼皮由 1 个舵机来控制，从而使眼皮可以上下动，达到眨眼的效果。机器人的头部转动由 1 个舵机带动，可以在水平方向上左右转，实现转头的功能。

图 3.27　猫猫机器人外形设计图

猫猫机器人在功能上以人机交互、家电服务、环境感知为主，至此已经具有语音交互、触摸屏交互、视觉交互的功能，控制家用电器的功能，安防功能以及网络功能。在语音交互中，机器人能够明白用户的意思，同时也能表达自身的意思；对于控制家电，本机器人结合物联网控制子网关可以很方便地控制室内的电灯、电视、空调等；而机器人通过安装在身上的传感器可以方便地知道环境的温度、湿度、烟雾，有无陌生人进入等。

另外，作为物联网终端技术的一部分，它还可以很方便地接入到物联网中，也可以作为一个独立的终端为家庭服务。

2) 物联网控制子网关

随着网络技术和通信技术的高速发展及人们居住理念的变化与提升，人们越来越追求生活细节的简单化和智能化，希望在日常家电设备中能植入智能化程序，享受"一键 OK"式的简单生活操作。人们不仅对家居的自动化和信息化程度要求越来越高，而且对家用设备控制的灵活性以及对外部信息获取的方便性提出了更高的要求。近年来，数字家庭、数字家电等词汇频繁地出现在各大媒体上，一时间，成了人们耳熟能详的词汇，于是数字家庭网络便由此产生。数字家庭网络是集计算机、通信、消费技术于一体的 3C 系统，它是指在家庭内部通过一定的传输介质将各种电子设备、电气设备和电子系统连接起来，采用统一的通信协议，对内管理家庭内部网中智能家电的运作、协调，对外实现家庭内部网和Internet、公用电话网或 GSM/GPRS 移动网络等公众通信平台的连接，支持远端对家庭内部设备的控制和监测。家庭的数字化、智能化、网络化和信息化具有广阔的经济效益和社会价值。一方面为社会信息化解决了最基本的单元，另一方面也为信息技术的发展提供了一个新型的方法和领域，同时也促进了家电设备数字化、传感器多样化以及网络互连技术的发展，将会有力推动家庭网络数字化、信息化产业的迅猛发展，具有良好的经济效益。同时，作为社会的基本组成单元，家庭的信息化无疑是整个社会信息化的最重要标志，对社会的和谐发展、科技进步和经济繁荣都有着极为重要的意义。

在数字家庭网络中，各个设备本身都应具有独立工作的能力和一定的通信功能。通常这些设备是由 8 位或 16 位的单片机来直接控制的。这些控制器在网络中的地位是平等的，它们用于控制某个或某些设备，完成的功能也相对比较简单。由于各种单片机的通信协议并不尽相同，而且设备通信协议还有不断增加的趋势，因而，如何实现在不同的协议设备之间交互以及对不同协议设备的集中控制是实现家庭网络化的一个难点。同时家庭设备上网也是今后发展的一个趋势，但是要在 8 位或 16 位 MCU 上实现完整的 Internet 通信协议是比较困难的，如将现有的嵌入式系统中的 MCU 都换成 32 位或 64 位的高性能处理器，从经济和现实性上来说都不太可能。

在数字家庭研究的相关技术背景下，在纷繁复杂的通信协议中，我们选择由"闪联"开发的 GICP(General Intelligent Control Protocol，通用智能控制协议)作为通信标准协议。

物联网控制子网关研究的主要目的是实现"红外遥控信号学习转发器"对遥控器的指令进行学习、存储以及还原转发，从而实现对相关遥控设备的集中控制。物联网控制子网关硬件实物图如图 3.28 所示,采用的是以 STC 单片机为核心的元件组成硬件平台，扩展红外收、发电路和串口通信电路，然后设计好 keil c51 单片机程序，最后将软件下载到硬件平台上。物联网控制子网关主要完成白色家电设备不同通信协议之间的转换和信息共享，以及同中央控制器之间的数据交换功能。物联网控制子网关工作方式如图 3.29 所示。

图 3.28 物联网控制子网关硬件实物图

图 3.29 物联网控制子网关工作方式

3) 物联网智能药盒

伴随独生子女政策的进一步推进和社会老龄化进程的加速，我国家庭构成形成"四位老人、一对年轻夫妇加一个未成年小孩"的结构模式，传统的家庭养老方式难以为继。老年人口的生活自理能力下降，患病率大大增加，需要更多的日常护理、生活照料和社会服务，这都必将加大家庭成员的精神和经济负担，空巢老人增多，老人慢性病护理困难加剧。

生活节奏的加快，紧张的工作和过长的工作时间，以及繁琐的家务已经让人们不再满足于传统的家居环境。电子消费产品的发展以及科学技术的进步，使人们开始探索家庭自动化和数字化的研究实现。依托电子技术，将人工智能(诸如机器学习和认知科学)应用于家庭监护，设计出具有家庭医疗与康复的监护系统的物联网智能药盒意义重大。为此利用电子和信息技术，使科技服务社会，设计出具有定时提醒和家庭监护功能的药盒前景光明。通过物联网技术，可使药盒发挥家庭小护士的功能，完成家庭护理和病人状态监控。

随着社会老龄化的加剧，老人慢性病防治逐步成为社会的普遍问题。鉴于老年人的生理特点和慢性病发病与治疗特点，总结出老年人群的慢性病治疗往往存在以下问题：

(1) 每天服药的时间过晚。不按医师指导的时间服药，尤其是高血压患者每天第一次服药的时间过晚，在人体生理血压高峰出现后才服药，影响治疗效果。

(2) 药物剂量不足。剂量不足一般是由于服药次数不够，有不少患者恐惧药物副作用或单凭感觉决定用药次数。

(3) 服药的方法不对。如需咀嚼的药物吞服，饭前服的药饭后服，睡前服的药随时服等。

(4) 随意停药。部分患者当药物治疗稳定后，自感无不适症状，随意停药，致病情反复。

慢性病治疗周期长，见效慢，按时按量服药对治疗极其重要。研制具有提醒与监督功能的物联网智能药盒，不仅可以提醒病人按时服药或服药剂量，还可以完成基本生理参数测量和网络信息获取等，由药盒的单一功能转变为家庭小护士，由定时闹钟转变为集家庭护理、网络终端、专家系统于一体的物联网智能药盒。新一代物联网智能药盒缩短了医生和患者之间的距离，在提醒吃药的同时，对患者的重要生理参数进行实施监护，不仅可以辅助治疗，还能在患者病情突然恶化时报警，为患者提供及时救助。

物联网智能药盒作为一个家用物联网终端，其网络接入使其可以借助比较成熟的远程医疗技术与理论，做到真正的智能化。一般地，远程医疗从广义上讲是使用通信技术和计算机多媒体技术提供医学信息和服务。它包括远程诊断、远程会诊和护理、远程教育、远程医学信息服务等医学活动。从狭义上讲，远程医疗包括远程影像学、远程诊断及会议、远程护理等医疗活动。从技术及应用的角度讲，远程医疗就是利用电子通信网络以及电子信号来传递有关医学诊断、治疗、护理、咨询及教育等的信息及数据，其既可以为偏远地区的患者提供医疗服务，也可以作为医生之间进行交流的有效工具。远程医疗是近年来发展起来的生物学工程学科的一个分支，它是采用计算机、通信技术组成一定的网络，将病区与病区、医院与医院、家庭与医院以及地区与地区间联网，实现远程监护和远程会诊，实现医疗资源共享，缩小地区、贫富差距等因素所造成的医疗差别；减少就医时间，降低医疗费用；建立社区医疗保健网等，居民可以在家中上网，共享医学信息资源和医学服务，并获得健康教育的机会。

随着人们生活水平的不断提高，对医疗保健提出了更高的要求。物联网智能药盒作为家庭终端，除要完成基本的服药提醒外，还要完成网络接入、数据传输、信息反馈以及网络信息获取。图 3.30 就是远程医疗和物联网智能药盒的模型。它包括无线网络和传感器，以及网络接入和上位机设计。传感器终端的复杂程度可以自由裁剪，常用的如测量脉搏、血压、体温等，还可以测量环境参数，如烟雾、温湿度。

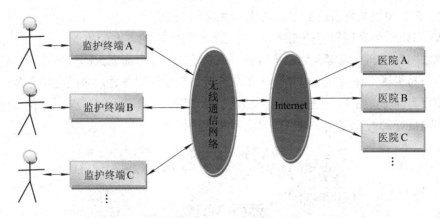

图 3.30　物联网智能药盒的远程医疗架构图

这里智能终端是与药盒连接的无线模块，可完成生理参数和环境参数的采集。无线传感器网络的应用为智能终端的分布提供了极大方便，并可实现数据采集的实时化、网络化。一般地讲，无线传感器技术是一种综合了传感器技术、嵌入式计算技术、分布式信息处理技术和通信技术的电子技术，可以使人们在任何时间、地点和环境下获取大量详实而可靠的信息。药盒集成无线传感器网络，在无线传感器网络的基础下，完成环境信息的检测以及老人状态检测(比如图像采集，监视老人活动状态)。Internet 接入采用本地网关的方法，本地网关主要实现了本地无线传感器网络和远程监护中心的信息交互。本地网关接收到数据后，对生理数据进行初步分析和协议转换，然后附上当前时间，封装成应用层的数据格式，传往远程监护中心。本地网关是信息的中间点，起着桥梁作用。本地网关采用桥接协调节点设计方法，节点不仅与各生理数据采集终端进行数据通信，还负责将被监护人的生理指标信息转发到远程的医生值班室监控服务器，在整个系统中起类似于"网关"的作用。桥接协调节点在无线网络中负责网络组建和管理功能，是实现无线传输的关键部分。另外，利用以太网串口转换模块开发可以实现节点 TCP/IP 数据通信功能，从而使得数据采集终端和桥接协调节点能够配合组建成满足远程监控中心要求的无线网络，实现了人生理参数和环境参数的远程传输，以便社区医院统一管理和监控，或者子女及其他授权用户远程查看。

物联网智能药盒相对于普通的电子药盒，主要区别在于集成了传感器监测(包括环境和人生理参数的监测)、网络接入、专家系统等功能。

物联网药盒的核心在于网络，网络接入诞生以下新功能：

(1) 通过网络接入，药盒获取医院的信息，还有外部信息，比如天气，为人的出门穿衣提出建议。

(2) 药盒存储统计病人服药和生理参数等信息，将信息传递到医生处，从而获得责任医生的建议。

(3) 远程访问。子女可以实时获得老人的身体状况信息和老人忘记服药的信息，从而可以督促老人服药，同时也能更加贴切和关心老人。

(4) 药盒的智能系统根据医生给出的指令，可以给病人治疗以及生活提出建议，并完成一定的监督功能。

(5) 药盒可以根据自己的专家系统，为病人提出建议。

(6) 可以作为家居智能控制终端，完成比如环境监测、安全防卫等工作。

物联网智能药盒以老人为服务对象，外观设计上要考虑老人的认知特点与喜好。另外，作为电子与机械一体设备，电子设计要与机械结构设计相结合，人机交互方面以操作简便、易于使用为前提。图 3.31 是一个老人药盒的外观图，它具有一键呼救功能和自动吐药结构，并可完成良好的语音交互，提供温湿度和时间播报。

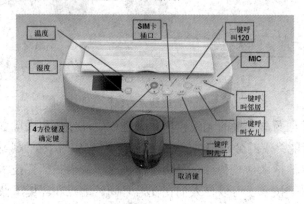

图 3.31　物联网智能药盒外形设计图

3.4.3　物联网的标准体系

作为新生事物的物联网其实并不新，早在 20 世纪就已孕育产生，但是发展较为缓慢，时断时续。除技术基础的因素外，其主要原因在于物联网的体系不明、标准不清，致使人们认识模糊、过于笼统，未能有针对性地进行研究、开发，而物联网技术高度集成、学科复杂交叉、综合应用广泛的特点，给物联网标准的创立增加了很大难度。

标准是对技术研发的总结和提升，是国民经济和社会发展的重要技术基础，是国家和地区核心竞争力的基本要素，是产业规模化发展的先决条件。但是，目前的物联网没有形成统一标准，各个企业、行业都根据自己的特长定制标准，并根据自己企业或行业标准进行产品生产，这给物联网形成统一的端到端标准体系制造了很大的障碍。

为物联网制定标准，应从以下几个方面入手。

从物联网标准化对象角度分析，物联网标准涉及的标准化对象可为相对独立、完整、具有特定功能的实体，也可以是具体的服务内容，可大至网络、系统，小至设备、接口、协议。各个部分根据需要，可以制定技术要求类标准和测试方法类标准，如表 3.4 所示。

表 3.4 物联网标准体系框架

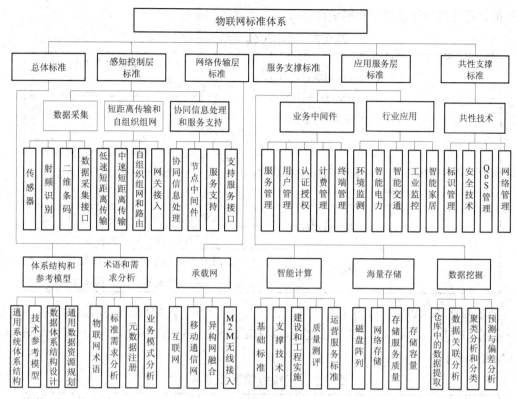

从物联网的学术研究角度分析，标准体系的建立应遵照全面成套、层次恰当、划分明确的原则。物联网标准体系可以根据物联网技术体系的框架进行划分，即分为网络传输层标准、感知控制层标准、应用服务层标准及共性支撑标准，如表 3.5 所示。

表 3.5 物联网标准体系

物联网标准体系	应用服务层标准	共性支撑标准
	网络传输层标准	
	感知控制层标准	

下面具体分析物联网三个层次的标准以及共性支撑标准。物联网应用服务层标准涉及的领域广阔，门类众多，并且应用子集涉及行业复杂，服务支撑子层和业务中间件子层在国际上尚处于标准化研究阶段，还未制定出具体的技术标准，如表 3.6 所示。

表 3.6 应用服务层标准分类

应用服务层标准	行业应用类标准	智能交通、智能电力、智能环境等相关系列标准
	公众应用类标准	智能家居总体技术标准、智能家居联网技术标准、智能家居设备控制协议技术标准等
	应用中间件平台标准	物联网信息开放控制平台基本能力标准、物联网信息开放控制平台总体功能架构标准、信息服务发现平台标准、信息处理和策略平台标准等

物联网网络传输层标准包括物物通信无线接入标准、电信网增强标准、网络资源虚拟化标准、环境感知标准和异构网融合标准等，如表 3.7 所示。

表 3.7　网络传输层标准分类

	物物通信无线接入标准	面向物物通信增强系统设备和接口的技术和测试标准等
网络传输层标准	电信网增强标准	面向物物通信针对移动核心网络增强的技术标准等
	网络资源虚拟化标准	网络资源虚拟化调用技术标准、网络资源虚拟化管理技术标准、网络虚拟化核心设备技术和测试标准等
	环境感知标准	认知无线电系统的技术标准，包括关键技术、未来应用、频谱管理的标准等
	异构网融合标准	不同无线接入网层面融合标准、不同无线接入技术在核心网层面融合标准等

物联网感知控制层标准包括数据采集技术标准、自组织组网和协同信息处理技术标准等，其中 RFID 技术标准、二维码技术及 IEEE 802.15 系列标准应用最广，如表 3.8 所示。

表 3.8　感知控制层标准分类

	短距离无线通信相关标准	基于 NFC 技术的接口和协议标准、低速物理层和 MAC 层增强技术标准、基于 ZigBee 的网络层和应用层标准等
感知控制层标准	RFID 相关标准	空中接口技术标准、数据结构技术标准、一致性测试标准等
	无线传感网相关标准	传感器到通信模块接口技术标准、节点设备技术标准等

共性支撑标准分别规范了物联网中物体标识的唯一性和解析方法，涉及各行业和社会生活的安全隐私解决方法、物联网的系统管理和服务质量问题等，如表 3.9 所示。

表 3.9　共性支撑标准内容

	网络架构	物联网总体框架标准等
共性支撑标准	标识解析	物联网标识、解析与寻址体系标准等
	网络管理	物联网管理平台标准、物联网延伸网终端远程管理技术标准等
	安全	物联网安全防护系列标准、物联网安全防护评估测试标准等

物联网技术内容众多，所涉及的标准组织也较多，不同的标准组织基本上都按照各自的体系进行研究，采用的概念也各不相同。物联网覆盖的技术领域非常广泛，涉及总体架构、感知技术、通信网络技术、应用技术等各个方面。物联网标准组织有的从机器对机器通信(M2M)的角度进行研究，有的从泛在网角度进行研究，有的从互联网的角度进行研究，有的关注传感网的技术研究，有的关注移动网络技术的研究，有的关注总体架构的研究。目前介入物联网领域的主要国际标准组织有 IEEE、ISO、ETSI、ITU-T、3GPP、3GPP2 等，具体研究方向和进展如表 3.10 所示。

表 3.10 物联网标准研究组织及进展

ITU-T (国际电信联盟)	2005 年开始进行泛在网的研究，研究内容主要集中在泛在网总体框架、标识及应用三个方面。对于泛在网的研究已经从需求阶段逐渐进入到框架研究阶段，但研究的框架模型还处在高层层面。在标识研究方面和 ISO(国际标准化组织)合作，主推基于对象标识的解析体系；在泛在网应用方面已经逐步展开了对健康和车载方面的研究
ETSI (欧洲电信标准化协会)	采用 M2M 的概念进行总体架构方面的研究，相关工作的进展非常迅速，是在物联网总体架构方面研究得比较深入和系统的标准组织，也是目前在总体架构方面最有影响力的标准组织。主要研究目标是从端到端的全景角度研究机器对机器通信，并与 ETSI 内 NGN 的研究及 3GPP 已有的研究展开协同工作
3GPP 和 3GPP2 (第三代合作伙伴计划)	采用 M2M 的概念进行研究。作为移动网络技术的主要标准组织，3GPP 和 3GPP2 关注的重点在于物联网网络能力增强方面，是在网络层方面开展研究的主要标准组织。研究主要从移动网络出发，研究 M2M 应用对网络的影响，包括网络优化技术等。3GPP 对 M2M 的研究在 2009 年开始加速，目前基本完成了需求分析，已转入网络架构和技术框架的研究
IEEE (美国电气及电子工程师学会)	主要研究在物联网的感知层领域。目前无线传感网领域用得比较多的 ZigBee 技术就基于 IEEE 802.15.4 标准。在 IEEE 802.15 工作组内有 5 个任务组，分别制定适合不同应用的标准。这些标准在传输速率、功耗和支持的服务等方面存在差异。其中，中国参与了 IEEE 802.15.4 系列标准的制定工作，并且 IEEE 802.15.4c 和 IEEE 802.15.4e 标准主要由中国起草
WGSN (传感器网络标准工作组)	2009 年 9 月成立，主要研究偏重传感器网络层面。宗旨是促进中国传感器网络的技术研究和产业化的迅速发展，加快开展标准化工作，认真研究国际标准和国际上的先进标准，积极参与国际标准化工作，建立和不断完善传感网标准化体系，进一步提高中国传感网技术水平
CCSA (中国通信标准化协会)	2002 年 12 月成立，研究偏重通信网络和应用层面。主要任务是为了更好地开展通信标准研究工作，把通信运营企业、制造企业、研究单位、大学等关心标准的企事业单位组织起来，进行标准的协调、把关。2009 年 11 月，CCSA 新成立了泛在网技术工作委员会(TC10)，专门从事物联网相关的研究工作

总体来说，物联网标准工作还处于起步阶段，目前各标准组织自成体系，标准内容涉及架构、传感、编码、数据处理、应用等，不尽相同。各标准组织都比较重视应用方面的标准制定。在智能测量、城市自动化、汽车应用、消费电子应用等领域均有相当数量的标准正在制定中，这与传统的计算机和通信领域的标准体系有很大不同(传统的计算机和通信领域标准体系一般不涉及具体的应用标准)，这也说明了"物联网是由应用主导的"观点在国际上已成为共识。

经过上面的分析和总结，我们不难发现，"物联网"这个让许多人琢磨不定的概念的背后，是有着具体的体系结构和技术支持的，而这些技术和体系有着广泛的应用背景。可见，物联网显著的特点是技术集成，应用为本。

3.5 云 计 算

除了以上关于物联网的支撑技术的介绍外，还有两个与物联网息息相关且非常前沿的技术，那就是云计算技术和智能技术。"云计算"是与物联网互为支持的，它为我们带来的是这样一种变革——由谷歌、IBM 这样的专业网络公司来搭建计算机存储、运算中心，用户通过一根网线借助浏览器就可以很方便地访问，把"云"做为资料存储以及应用服务的中心。智能技术其实就是我们常说的人工智能技术，它是研究、开发用于模拟、延伸和扩展人的智能的理论、方法、技术及应用系统的一门新的技术科学。

云计算的概念是由 Google 提出的，这是一个美丽的网络应用模式。狭义云计算是指 IT 基础设施的交付和使用模式，指通过网络以按需、易扩展的方式获得所需的资源；广义云计算是指服务的交付和使用模式，指通过网络以按需、易扩展的方式获得所需的服务。这种服务可以是 IT 和软件、互联网相关的，也可以是任意其他的服务，它具有超大规模、虚拟化、可靠安全等独特功效。

云计算(Cloud Computing)是网络计算、分布式计算、并行计算、效用计算、网络存储、虚拟化、负载均衡等传统计算机技术和网络技术发展融合的产物，如图 3.32 所示。它旨在通过网络把多个成本相对较低的计算实体整合成一个具有强大计算能力的完美系统，并借助 SaaS、PaaS、IaaS、MSP 等先进的商业模式把这种强大的计算能力分布到终端用户手中。云计算的一个核心理念就是通过不断提高"云"的处理能力，减少用户终端的处理负担，最终使用户终端简化成一个单纯的输入输出设备，并能按需要享受"云"的强大计算处理能力。云计算的核心思想是将大量用网络连接的计算资源统一管理和调度，构成一个计算资源池，向用户提供按需服务。

图 3.32　云计算

云计算的基本原理是，通过使计算分布在大量的分布式计算机上，而非本地计算机或远程服务器中，企业数据中心的运行将更与互联网相似。这使得企业能够将资源切换到需要的应用上，根据需求访问计算机和存储系统。这可是一种革命性的举措，打个比方，这就好比是从古老的单台发电机模式转向了电厂集中供电的模式。它意味着计算能力也可以作为一种商品进行流通，就像煤气、水电一样，取用方便，费用低廉。最大的不同在于，它是通过互联网进行传输的。在未来，只需要一台笔记本或者一个手机，就可以通过网络服务来实现我们需要的一切，甚至包括超级计算这样的任务。从这个角度而言，最终用户才是云计算的真正拥有者。

云计算有以下四个显著特点：

(1) 云计算提供了最可靠、最安全的数据存储中心，用户不用再担心数据丢失、病毒入侵等麻烦。

很多人觉得数据只有保存在自己看得见、摸得着的电脑里才最安全，其实不然。你的电脑可能会因为自己不小心而被损坏了，或者被病毒攻击，导致硬盘上的数据无法恢复，而有机会接触你的电脑的不法之徒则有可能利用各种机会窃取你的数据。

反之，当你的文档保存在类似 Google Docs 的网络服务上时，当你把自己的照片上传到类似 Google Picasa Web 的网络相册里时，你就再也不用担心数据的丢失或损坏了。因为在“云”的另一端，有全世界最专业的团队来帮你管理信息，有全世界最先进的数据中心来帮你保存数据。同时，严格的权限管理策略可以帮助你放心地与你指定的人共享数据。这样，你不用花钱就可以享受到最好、最安全的服务，甚至比在银行里存钱还方便。

(2) 云计算对用户端的设备要求最低，使用起来也最方便。

大家都有过维护个人电脑上种类繁多的应用软件的经历。为了使用某个最新的操作系统，或使用某个软件的最新版本，我们必须不断升级自己的电脑硬件。为了打开朋友发来的某种格式的文档，我们不得不疯狂寻找并下载某个应用软件。

为了防止在下载时引入病毒，我们不得不反复安装杀毒和防火墙软件。所有这些麻烦事加在一起，对于一个刚刚接触计算机、刚刚接触网络的新手来说不啻一场噩梦！如果你再也无法忍受这样的电脑使用体验，云计算也许是你的最好选择。你只要有一台可以上网的电脑，有一个你喜欢的浏览器，你要做的就是在浏览器中键入 URL，然后尽情享受云计算带给你的无限乐趣。

你可以在浏览器中直接编辑存储在“云”的另一端的文档，你可以随时与朋友分享信息，再也不用担心你的软件是否是最新版本，再也不用为软件或文档染上病毒而发愁。因为在“云”的另一端，有专业的 IT 人员帮你维护硬件，帮你安装和升级软件，帮你防范病毒和各类网络攻击，帮你做你以前在个人电脑上所做的一切。

(3) 云计算可以轻松实现不同设备间的数据与应用共享。

大家不妨回想一下，自己的联系人信息是如何保存的。一个最常见的情形是，你的手机里存储了几百个联系人的电话号码，你的个人电脑或笔记本电脑里则存储了几百个电子邮件地址。为了方便在出差时发邮件，你不得不在个人电脑和笔记本电脑之间定期同步联系人信息。还有当买了新的手机后，你不得不在旧手机和新手机之间同步电话号码。

还有你的 PDA(掌上电脑)以及你办公室里的电脑。考虑到不同设备的数据同步方法种类繁多，操作复杂，要在这许多不同的设备之间保存和维护最新的一份联系人信息，你必须为此付出难以计数的时间和精力。这时，你需要用云计算来让一切都变得更简单。在云计算的网络应用模式中，数据只有一份，保存在"云"的另一端，你的所有电子设备只需要连接互联网，就可以同时访问和使用同一份数据。

仍然以联系人信息的管理为例，当你使用网络服务来管理所有联系人的信息后，你可以在任何地方用任何一台电脑找到某个朋友的电子邮件地址，可以在任何一部手机上直接拨通朋友的电话号码，也可以把某个联系人的电子名片快速分享给好几个朋友。当然，这一切都是在严格的安全管理机制下进行的，只有对数据拥有访问权限的人，才可以使用或与他人分享这份数据。

(4) 云计算为我们使用网络提供了几乎无限多的可能。

云计算为存储和管理数据提供了几乎无限多的空间，也为我们完成各类应用提供了无限强大的计算能力。想像一下，当你驾车出游的时候，只要用手机连入网络，就可以直接看到自己所在地区的卫星地图和实时的交通状况，可以快速查询自己预设的行车路线，可以请网络上的好友推荐附近最好的景区和餐馆，可以快速预订目的地的宾馆，还可以把自己刚刚拍摄的照片或视频剪辑分享给远方的亲友……

离开了云计算，单单使用个人电脑或手机上的客户端应用，我们是无法享受这些便捷的。个人电脑或其他电子设备不可能提供无限量的存储空间和计算能力，但在"云"的另一端，由数千台、数万台甚至更多服务器组成的庞大的集群却可以轻易地做到这一点。个人和单个设备的能力是有限的，但云计算的潜力却几乎是无限的。当你把最常用的数据和最重要的功能都放在"云"上时，我们相信，你对电脑、应用软件乃至网络的认识会有翻天覆地的变化，你的生活也会因此而改变。

目前公众认可的云计算的服务模式有三种——IaaS、PaaS、SaaS。

IaaS(Infrastructure-as-a-Service)：基础设施即服务。消费者通过 Internet 可以从完善的计算机基础设施获得服务。目前，国内的世纪互联集团旗下的云快线公司推出了商用云计算服务平台，北京亿腾环球也做了公有云。

PaaS(Platform-as-a-Service)：平台即服务。PaaS 实际上是指将软件研发的平台作为一种服务，以 SaaS 的模式提交给用户。因此，PaaS 也是 SaaS 模式的一种应用。但是，PaaS 的出现可以加快 SaaS 的发展，尤其是加快 SaaS 应用的开发速度。但是纵观国内市场，只有八百客一个"孤独的舞者"(其在这块市场占有率第一)拥有 PaaS 平台技术。可见，PaaS 还是存在一定的技术门槛，国内大多数公司还没有此技术实力。

SaaS(Software-as-a-Service)：软件即服务。它是一种通过 Internet 提供软件的模式，用户无需购买软件，而是向提供商租用基于 Web 的软件来管理企业经营活动。相对于传统的软件，SaaS 解决方案有明显的优势，包括较低的前期成本，便于维护，快速展开使用等，比如舆情监测软件。

本 章 小 结

　　本章我们在物联网典型应用的基础上学习了物联网的技术基础，主要包括物联网的三层结构，八层架构，四大支撑技术以及两个技术范畴。技术是应用的基础，没有技术就无法成功实现应用，所以学好技术非常关键。最后简单介绍了云计算与物联网的联系。

习 题

1. 简述物联网的三个层次。
2. 简述物联网的八层架构。
3. 画出物联网的框架模型。
4. 简述物联网的四大支撑技术。
5. RFID 的基本组成部分有哪些？各个部分的作用分别是什么？
6. 名词解释：WSN，Zigbee，WiFi，GPS，PLC，MEMS。
7. 说出 ZigBee 的技术优势所在。
8. 简述 ZigBee 协议与 IEEE 802.15.4 标准的联系与区别。
9. 什么叫现场总线？它有什么特点？
10. GPS 由哪几部分组成？
11. PLC(电力线通信)的关键技术是什么？
12. 请说出几种常见的微传感器。
13. 简述物联网的两大技术范畴。
14. 智能空间应具备的基本要求是什么？
15. 物联网智能空间技术如何分类？
16. 什么是物联网终端？它有什么作用？
17. 物联网终端的基本原理是什么？
18. 请简述云计算的概念。

本章参考文献

[1] 单承赣，单玉峰，姚磊，等. 射频识别(RFID)原理与应用. 北京：电子工业出版社，2008.

[2] 单承赣，焦宗东，等. EPC 物联网中的信使 ONS. 合肥：2007 国际 RFID 技术高峰论坛会，2007.

[3] 李秋霞. 基于 RFID 的集装箱 EPC 编码研究. 吉林大学硕士论文，2006.

[4] 杨志千. 基于有源 RFID 的小区车辆管理系统的设计与实现. 武汉理工大学硕士论文，2009.

[5] 华玉明. RFID、条码及 EPC 编码之间的关系研究. RFID 互动平台，2008.

[6] 于宏毅，李鸥，张效义，等. 无线传感器网络理论、技术与实现. 北京：国防工业出版社，2008.

[7]　于海斌，曾鹏，梁华. 智能无线传感器网络系统. 北京：科学出版社，2006.

[8]　金纯，罗祖秋，罗风，等. ZigBee 技术基础及案例分析. 北京：国防工业出版社，2008.

[9]　刘鹏. 云计算. 北京：电子工业出版社，2010.

[10]　朱近之. 智慧的云计算——物联网发展的基石. 北京：电子工业出版社，2010.

[11]　刘鹏. 云计算. 北京：电子工业出版社，2010.

[12]　曹承志. 王楠. 智能技术. 北京：清华大学出版社. 2004.

[13]　王万森. 人工智能原理及其应用. 2 版. 北京：电子工业出版社. 2007.

[14]　王志良，闫纪铮. 普通高等学校物联网工程专业知识体系和课程大纲. 西安：西安电子科技大学出版社，2011.

[15]　预测：物联网终端将是手机终端 10 倍. 硅谷动力. http://www.enet.com.cn/cio/.

[16]　马文刚. 物联网：建设智慧城市的 DNA. 上海信息化，2011(03).

[17]　物联网的终端管理. C114 中国通信网. http://www.c114.net.

[18]　谢中业. 物联网技术综述——物联网终端技术. http://blog.sina.com.cn/.

第四章 信息处理与软件服务

前面两章我们分析了物联网的典型案例，学习了物联网的技术基础。实际上，物联网是一门综合性学科，它与人类智力活动以及智能科学技术紧密相关，是互联网、服务、信息处理、数据分析以及人工智能的融合。"物联网模型"与"人类智力活动基本模型"的对应关系如图4.1所示。

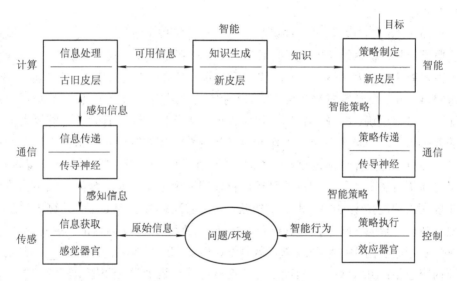

图4.1 "物联网模型"与"人类智力活动基本模型"的对应关系

从上面的模型中我们看到，如果只考虑通信系统的功能，当然就是"电信网络"和"电视网络"的模型；在此基础上，如果把计算系统的功能增加进来，它就演变成了"互联网"的模型；进一步，如果把传感系统和控制系统的功能也增加进来，它就演变成了我们所学习的"物联网"的模型。

4.1 智能信息处理

物联网是一个十分复杂的系统，要构建一个高效的物联网，单纯依靠人工是不现实的。物联网的终端要有感知能力，能够在无人干预的情况下实现自我控制；一切物体都可以成为物联网的一部分，任何物体都可以信息化，比如物体的位置、大小、颜色等，都可以通过物联网转化为信息进行存储，这样就产生了海量数据。这些海量的数据需要高效地存储、组织与管理，基于海量数据进行智能分析，可以将数据转化为有价值的信息、知识，进而提供智能化的决策。处于物联网中的物体之间并不是独立的个体，它们需要进行沟通、合作与协调，才能使物联网成为一个有机的整体。物联网的最终目的是为人类提供更好的智能服务，满足人们的各种需求，让人们享受美好的生活。

总之，物联网是走向智能社会的一个重要步骤；物联网要达到感知世界的目的，需要借助于高度智能化的处理技术。本节将论述开放复杂智能系统和知识的相关概念，以及信息与知识获取、知识表示、知识推理、数据库、机器学习、分布智能等技术。

4.1.1　开放复杂智能系统

人工智能(Artificial Intelligence，AI)是指应用机器实现人类的智能。它是在计算机科学、控制论、信息论、神经科学、心理学、哲学、语言学等多种学科研究的基础上发展起来的一门综合性很强的边缘性学科。自 1956 年提出以来，人工智能已经获得了迅速的发展，并取得了惊人的成就。

人工智能由不同的领域组成，如机器学习，计算机视觉等。总的说来，人工智能研究的一个主要目标是使机器能够胜任一些通常需要人类智能才能完成的复杂工作，图 4.2 所示为具有人工智能的机器人。但不同的时代、不同的人对这种"复杂工作"的理解是不同的。例如繁重的科学和工程计算本来是要人脑来承担的，现在计算机不但能完成这种计算，而且能够比人脑做得更快、更准确，因此当代人已不再把这种计算看做是"需要人类智能才能完成的复杂任务"。可见，复杂工作的定义是随着时代的发展和技术的进步而变化的，人工智能这门科学的具体目标也自然随着时代的变化而发展。它一方面不断获得新的进展，一方面又转向更有意义、更加困难的目标。目前能够用来研究人工智能的主要物质手段以及能够实现人工智能技术的机器就是计算机，人工智能的发展历史是和计算机科学与技术的发展史联系在一起的。除了计算机科学以外，人工智能还涉及信息论、控制论、自动化、仿生学、生物学、心理学、数理逻辑、语言学、医学和哲学等多门学科。人工智能学科研究的主要内容包括：知识表示、自动推理和搜索方法、机器学习和知识获取、知识处理系统、自然语言理解、计算机视觉、智能机器人、自动程序设计等方面。

图 4.2　具有人工智能的机器人

　　回顾人工智能的发展历程，人工智能对"人的思维规律"的模拟研究从不同的层次与角度进行着不懈的探索。智能系统研究可以认为大致经历了以下几个发展阶段：

　　(1) 符号智能阶段，以物理符号为研究对象。

　　(2) 连接智能阶段，以人工神经元网络的连接机制为对象。

　　(3) 现场智能阶段，以智能体(Agent)与环境之间的现场交互为研究内容。

　　(4) 社会智能阶段，以智能体社会(包括环境智能体)的社会性交互求解机制为研究内容。

　　其中，现场智能阶段研究能够表现出智能行为的系统与环境之间的交互作用机制，系统与环境之间通过感知-动作与反馈机制，进行现场交互而涌现出智能行为。社会智能阶段研究能够表现出智能行为的系统通过智能体社会的组织机制，以及与人的交互和合作机制，如社会智能的涌现等。

　　物联网作为一个复杂的系统，它的推广与普及给智能系统带来了新的挑战，促使我们在指导思想、技术路线、系统体系结构、计算模式等方面为智能系统的研究融入新的思想与技术源泉，使得智能系统的研究迈入新的阶段，即以开放复杂智能系统(Open Complex Intelligent System)特别是开放巨型复杂智能系统(Open Giant Complex Intelligent System)为研究对象、以社会智能为研究重点的综合集合阶段。

　　开放复杂智能系统指具有开放性特征、与环境之间存在交互、系统成员较多、系统有多个层次、系统可能涉及人的参与的智能系统。

　　开放复杂智能系统具有一般智能系统所具有的性质，如自主性(Autonomy)、灵活性(Flexibility)、反应性(Reactivity)、预操作能力(Pro-activity)等。另一方面，从系统复杂性的角度，开放复杂智能系统还表现出一些特别的系统复杂性特征，包括：

　　(1) 开放性：指系统在求解实际问题时，与外部环境及其他系统之间存在物质、能量或信息的交互。

　　(2) 层次性：体现在整个系统的层次很多，甚至有几个层次也还尚未认识清楚；系统组成的模式多种多样，如有平行结构、线型结构、矩阵型结构、环型结构等，有的甚至不清楚具体模型。

　　(3) 社会性：体现在系统是由时空交叠、分布式、灵活、自主的组件构成，甚至是社会主体(人)构成的。肩负不同角色的组件之间通过多种交互模式与通信语言，按照一定的行为法则开展合作，相互影响，履行责任，共同求解问题。时间上的交叠表现为并发性；时空的分布性表现为各种资源的分布性。

　　(4) 演化性：体现在由于系统的组成、组件类型(可能是异构的)、组件状态、组件之间的交互以及系统行为随时间不断改变，因此运行时的具体参数在设计时无法确定。演化具有层次性，可能是局部，也可能是整体。系统中子系统之间的局部交互在整体上演化出一些独特的、新的性质，体现出整体的智能行为与问题求解能力。

　　(5) 人机结合：体现在开放复杂智能系统的突出特点是在系统体系中存在人，通过人机交互，实现人的认知和智能与机器的计算和推理智能共同作用；人机协作产生智能行为，问题的求解不能仅靠机器完成，还需要发挥人的作用。

　　(6) 综合集成：体现在开放复杂智能系统存在着多种智能，各种智能各自发挥着重要的、不可替代的作用，如人的智能(Human Intelligence)所展现的形象思维等定性智能，领域智能(Domain Intelligence)所具有的关于问题本身的信息，机器计算智能(Machine Computational Intelligence)所具有的定量计算能力，网络智能(Web Intelligence)所表现出的面向广域网的计算、知识搜索与发现能力，数据智能(Data Intelligence)所隐含的内在知识与模式等。同时，开放复杂智能系统表现出的社会智能行为与问题求解能力是上述多种智能相互协作、共同作用的结果。

物联网是一个物物相连的巨大网络，一切物体都可以成为物联网的一部分，使得物联网成为一个名副其实的开放复杂智能系统。

4.1.2　分布智能

分布式人工智能(Distributed Artificial Intelligence，DAI，简称分布智能)是随着计算机网络、计算机通信和并发程序设计等技术的发展而产生的一个新的人工智能研究领域。同样，在物联网这个网络中，也需要应用分布智能来解决实际问题。

1. 分布智能概述

20 世纪 80 年代初，当人工智能陷入困境的时候，美国 MIT 的学者 R.A.Brooks 等提出了现场人工智能(Situated AI)的新概念。他们认为传统的研究智能现象的方法具有很大的局限性，主张应该从智能系统与环境的交互中研究智能现象。

计算机网络尤其是 Internet 等的出现，使人工智能的研究者们突然发现，这个大型的网络就是一个十分复杂的智能系统。所以，他们给这种网络系统起了一个新的名字，即 Immobot(Immobile Robot，不动机器人)。这表明人工智能的研究者把大型网络看做是与传统移动机器人(Mobile Robot)一样的智能系统，不同点在于，后者可以移动，而前者是不动的。

计算机网络扩展了人工智能的研究领域，分布智能就是在这个背景下提出来的。

分布智能主要研究在逻辑上或物理上分布的智能系统之间如何相互协调各自的智能行为，实现问题的并行求解。其思想本质是采用人工智能等技术，研究一组分散的、松散耦合的智能系统如何在分布式环境下实现群体间高效率地相互协作并联合求解，解决多种协作策略、方案、意见下的冲突和矛盾。在开放分布式网络环境下的多点协同工作系统中，每个节点上都有相对独立的智能个体。多个智能个体之间彼此在逻辑上相互独立，通过共享知识、任务和中间结果，协同在工作中形成问题的解决方案。

分布智能不仅可以解决计算机网络中存在和面临的问题，同时，因为物联网是计算机网络的一个扩展，分布智能也为解决物联网中的某些问题提供了方法：物联网是一个传感器密集、大规模并行的自治系统，它的传感器和效应器分布在物理世界的各个地方，各种不同用户的任务同时在网络上被传送和加工处理，各种任务互相交互。环境保护监控系统、电网系统、大型化工厂控制系统、交通管制系统等物联网系统都可以利用分布智能来解决实际问题。

多智能 Agent 系统是分布智能研究的一个重点内容。在接下来的章节中，我们对相关内容做详细讨论。

2. 智能 Agent

1986 年 Minsky 在其"思维的社会"中提出了"Agent"。Minsky 认为，社会中某些个体具有一定的技能、智能性和社会交互性，这些个体经过协作可以求得问题的解，它们被称做 Agent。现在，智能 Agent 已成为人工智能和计算机科学领域发展最快的课题之一。

在计算机科学领域，Agent 至今还没有统一的定义，但普遍认为智能 Agent 是一种具有行为自控和群组协作能力、具有社会和领域知识、能依据心理状态(信念、期望、意图)自主工作的软件实体，能够在特定环境下感知环境，并能自治地运行以代表其设计者或使用者实现一系列目标。

我们可以从广义和狭义两个角度来理解 Agent 的特性，也就是所谓的有关 Agent 的"弱定义"和"强定义"。

Agent 的"弱定义"是从广义的角度对 Agent 进行定义，即：一个 Agent(不管它是软件或硬件系统)应当包括以下四个最基本的特性：

① 自治性(Autonomy)：Agent 可以在没有人或其他 Agent 直接干预的情况下运作，而且对自己的行为和内部状态有某种控制能力；

② 社会性(Social ability)：Agent 和其他 Agent 或人通过某种机制进行信息交流；

③ 反应性(Reactivity)：Agent 能够理解周围的环境，并对环境的变化做出实时的响应；

④ 能动性(Preactiveness)：Agent 不仅简单地对其环境做出反应，还能够通过接受某些启动信息表现出有目标的行为。

Agent 的"强定义"从 Agent 的精神状态出发，除了要求 Agent 具有"弱定义"的特性外，还要求 Agent 具有拟人的特性，如信念、意志、情感等。Shoham 认为，Agent 还可以具有的特性有：

① 移动性(Mobility)：Agent 可以在网络上移动；

② 真实性(Veracity)：Agent 不传输错误信息；

③ 仁慈性(Benevolence)：Agent 没有冲突的目标，即每个 Agent 通常有求必应；

④ 合理性(Rationality)：Agent 总是为实现目标而努力，且不阻碍目标的获得，至少在信念中应该如此。

在实际中，研发人员没有必要构建一个包括上述所有特性的 Agent 系统，他们往往是从应用的实际需要出发来开发包含以上部分特性的 Agent 系统。

人可以用眼睛、耳朵和其他器官作为感应器，以手、腿、嘴和身体其他部位作为效应器。同样，智能 Agent 也可以被认为是任何能够通过感应器感知它周围的环境，并能够通过效应器作用于其周围环境的实体。Agent 与环境的交互模型如图 4.3 所示。

Agent 的基本结构如图 4.4 所示。Agent 首先通过传感器感知外界环境，然后通过信息融合对感知到的不同外界信息进行融合，再通过信息处理对融合后的外界信息进行加工并形成规划或策略，最后通过决策控制效应器作用于外界环境。需要说明的是，图 4.4 仅是 Agent 的一种基本结构。实际上，不同类型 Agent 的结构会存在一定的差异。

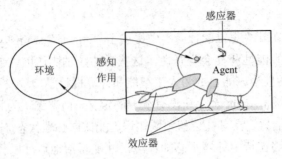

图 4.3　智能 Agent 与环境交互

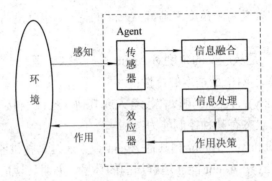

图 4.4　Agent 的基本结构

目前有多种对 Agent 进行分类的方法。按照工作环境的不同，Agent 可以分为软件 Agent、硬件 Agent 和人工生命 Agent；按照 Agent 的属性不同，可将其分为反应 Agent、慎思 Agent、混合 Agent 等。

3. 多智能 Agent

多智能 Agent 系统(Multi-Agent System，MAS)是由多个自主 Agent 所组成的一种分布式系统。其主要任务是创建一群自主的 Agent，并协调它们的智能行为。在网络与分布式环境下，每个 Agent 是独立自主的，都能作用于环境和对环境的变化做出反应。更重要的是，Agent 能够与其他 Agent 进行通信、交互，彼此协同工作，完成共同的任务。

如果说模拟人是单智能体的目标，那么模拟人类社会则是多智能体系统的最终目标。通过模拟人类社会团体、大型组织机构的群体工作，多智能 Agent 系统能够运用它们解决问题的工作方式来解决系统共同关心的复杂问题。其结构如图 4.5 所示。

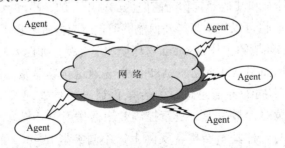

图 4.5　网络环境下的多智能 Agent 系统

4.2 服务科学分析方法

服务业已经成为全球经济的重要支柱产业。首先体现在，从 20 世纪 80 年代开始，全球产业结构呈现出"工业型经济"向"服务型经济"转型的总体趋势；其次，服务业已经成为发达国家经济的主导产业，主要发达国家经济中心开始转向服务业；与此同时，以信息技术与服务产业相结合的现代服务业已经成为世界各国推进服务业进一步发展的重要方向。

服务业，尤其是现代服务业已经成为世界各国经济增长最为主要的源泉，开展服务科学的研究有着巨大的机遇。现代服务业是指在工业化较发达阶段产生的，主要依托电子信息等高技术和现代管理理念、经营方式和组织形式而发展起来的服务部门。"现代服务业"的提法最早出现在 1997 年 9 月党的十五大报告中；2000 年中央经济工作会议提出："既要改造和提高传统服务业，又要发展旅游、信息、会计、咨询、法律服务等新兴服务业"。胡锦涛总书记在十七大报告中指出：发展现代服务业，提高服务业比重和水平；坚持扩大国内需求特别是消费需求的方针；由主要依靠增加物质资源消耗向主要依靠科技进步、劳动力素质提高、管理创新转变；发展现代产业体系，大力推进信息化与工业化融合。

作为一门新兴的交叉学科，服务科学与工程的发展也还面临着众多挑战，包括服务资源的开放共享，服务能力的汇聚组合以及服务能力的交付等方面。

4.2.1 服务科学基本介绍

1. 什么是服务

长期以来，尽管人们无处不享受各种服务，但却不知服务为何物；尽管全世界服务业创造的增加值占 GDP 的 60%以上，但服务部门仍然被看做是第一、第二产业发展的"辅助部门或催化剂"。这主要是因为对服务的实质缺乏研究，认为服务不是技术，服务业没有"核心技术"。在传统意义上，我们把提供劳动、智力等无形"产品"的过程称为服务。

实际上，服务是指通过提供必要的手段和方法，满足接受服务之对象的需求的"过程"，即服务是一个过程。在这个过程中，服务的供应者通过提供必要的手段和方法，满足接受服务之对象的需求。其中"必要的手段和方法"可从两方面考虑：一是其实施的手段和方法可通过直接接触和间接接触两种形式来实现；二是既包括非物质手段和方法，诸如劳动或体力、智慧、知识和软技术手段(如咨询或劝告、组织、管理、调解和仲裁等)，也包括物质手段，诸如货物、有形工具、机器、设备等一切必要的自然物和制造品，但是不包括制造后者。当然，上述物质手段必须通过非物质手段和方法才能满足接受服务的对象之需求。所谓服务接受者的需求包括：获得他们(它们——组织、企业等)在解决问题的时候所需要的有形的工具和手段(包括货物、设备、机器或其他)；获得他们(它们)解决问题所需要的无形的工具和手段(经验、智力、知识、信息或其他能力)；使他们(它们)直接获得所需要的帮助或照顾；使他们(它们)感觉到方便、舒服、愉快和满足。前两者是使服务对象获得解决问题的能力，以便可以独立解决问题；后两者是由服务主体直接帮助被接受服务的对象解决问题。值得注意的是，在解决问题的时候所需要的有形工具，实际上服务于无形工具，即服务于满足其他的需求。总之，接受服务对象的需求包括物质需求、精神和感觉需求、提高能力的需求等。

总之，广义服务以满足服务对象的需求为其宗旨，因而不仅包括提供有形产品和无形产品的过程，还包括提供软硬技术相整合而形成的产品之过程。即服务就是解决(满足)服务对象之需求的过程。根据广义技术的研究，过程技术属于软技术范畴。当然，满足服务对象需求的手段和方法不仅包括硬技术和软技术本身，甚至还包括自然物和人工制造品。因此，服务是特殊的软技术，是一种技术的技术。换句话说，服务的实质是以满足人类物质需求、精神和心理需求，提高解决问题能力之需求为目的的软技术，是一种过程技术。

从软技术角度明晰服务的属性很有意义。服务产业的落后与人们对服务的观念落后有直接关系。过去，很少有人把服务的方法和过程看做技术，更多的只是把服务看做是非技术因素和第一、第二产业发展的"辅助部门或催化剂"。把提供服务的方法和过程作为软技术来研究，不仅有利于深入研究服务和服务创新的实质，而且很多服务经济中的新问题，包括服务方法的标准和知识产权问题可以得到理论上的解释。还有，服务业和制造业越来越相互渗透而难以区分，其本质就是软技术在为硬技术的创新和硬技术产业创新服务的过程中，或者软技术产业在利用当代硬技术成果来提高其智力含量的过程中，软、硬技术相互集成的必然结果。同时，根据广义创新框架可以建立服务创新系统概念，系统地研究和解决激励服务创新的环境问题，比如服务领域的政策、标准、法律、知识产权及商务方法的专利，进一步推动服务创新。

2. 服务的基础架构

服务的基础架构如图 4.6 所示。

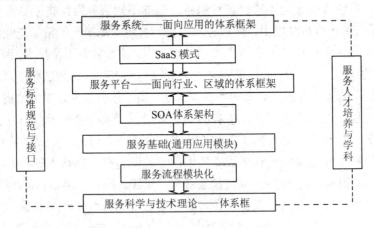

图 4.6　服务的基础架构

3. 服务的基本属性

服务由服务提供者定义、开发并提交给服务消费者使用，服务消费者通过复用和组装已经发布的服务来构建应用系统，满足应用的特定需求。服务可以在开放的环境中动态地发布、发现、组装和绑定，不依赖于任何特定平台。服务的以下属性对服务和服务系统构造提供了设计的基本原则：

- 服务松散耦合：最小化依赖关系；
- 服务抽象：最小化元信息的可用性；
- 服务可组合性：最大化可组合性；
- 标准化服务合约：服务遵循共同的合约设计标准；
- 服务可复用性：服务实现通用的和可复用的逻辑和合约；
- 服务自治：实现独立的功能边界和运行时环境；
- 服务无状态性：实现可适应的和状态管理无关的逻辑；
- 服务可发现性：实现可交流的元信息。

下面将从服务的无形性与网络化、差异性与相容性原理、可复用性与共性服务集成以及松散耦合与自治性来分析服务的本质特征和基本属性。

4.2.2 服务科学概念

服务科学概念的提出是与美国 IBM 公司密切相关的。由 IBM 公司阿尔马登(Almaden)研究中心与美国加州大学伯克利分校(UC Berkeley)组成的联合专家小组，在 2002 年举行的一次讨论会上首次提出了服务科学(service science)的概念。后来，在 2004 年 5 月由 IBM 公司主办的名为"The Architecture of On-Demand Business"的研讨会上，专家们将服务科学界定为商务与技术的结合和培育创新的新途径。2004 年 12 月，IBM 公司首席执行官 Samuel Palmisano 在一份题名为《创新美国》的报告中正式提出了服务科学的概念，并且认为，服务科学是一种通过整合不同学科的知识来提供服务的创新。该报告的发布，使得服务科学开始受到广泛的关注。2005 年 7 月，IBM 公司结合服务科学研究的内容和方法，把服务科学正式更名为"服务科学管理与工程"(Services Sciences Management and Engineering，SSME)，认为 SSME 是服务科学(service science)、服务管理(service management)和服务工程(service engineering)三者的结合。

1. 服务科学概述

服务科学是一门新兴的复合交叉型学科，是计算机科学、运筹学、工业工程、管理学、经济学、社会学、行为科学、心理学等多种学科的集成，如图 4.7 所示。图 4.8 所示为对 SSME 研究具有主要支撑作用的三门已有科学。

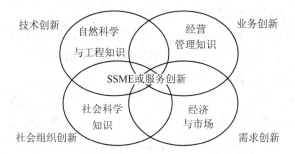

图 4.7　SSME 或服务创新产生于学科交叉

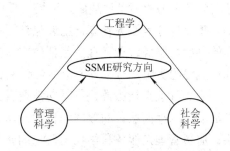

图 4.8　已有科学对 SSME 研究方法的支撑

全球创新研究领域对服务业创新的研究开展较晚，国外从 20 世纪 80 年代开始关注服务业创新的问题，但至今仍处在起步阶段。国内学者对服务业创新的研究起步更晚，直到 2003 年才开始出现第一批研究成果。

随着以信息通信技术为代表的新一轮科技革命的发展，全球的服务业正经历着技术—经济范式转换的核心，互联网、云计算、物联网、知识服务、智能服务的迅猛发展，正在为服务创新提供有力的工具和支撑环境。服务业正在成为推动经济和社会发展的高端和战略性产业。

2. 服务科学理论体系的构建

SSME 的体系主要有四部分：第一部分是理论研究；第二部分是服务管理；第三部分是服务创新；第四部分是服务工程。详细体系结构如表 4.1 所示。

表 4.1　服务科学的学科体系

服务科学	理论研究	服务科学理论
		服务经济
		服务市场
	服务管理	服务价值链
		服务外包
		服务营销
		服务运营
	服务创新	顾客导向性
		服务组织变革
		服务测度
		服务心理学
	服务工程	服务优化
		服务资产化
		服务信息系统
		服务工程管理

第一部分是服务科学(SSME)的理论研究，主要研究服务科学的理论体系、服务市场和服务经济。这一部分对 SSME 进行了综合的分析和研究，关注了服务科学产生的历程、服务科学的发展史、发展战略、市场、教育、跨学科性等。

第二部分是服务管理，主要包括服务价值链、服务营销、服务运营和服务外包。从不同的角度对服务进行管理，包括建立有效的服务管理团队，服务信息的共享化以及服务全球化战略的实施，与服务理论结合起来研究服务组织的特性。

服务管理是指服务提供者向消费者提供服务的过程中，企业的经营者进行的一系列管理活动，以提高服务的效率和目的，从而使顾客购买到最满意的服务，并对此服务重复购买。服务管理是服务科学在运营上的研究，例如有效处理顾客的需求、客户关系管理等，是关于服务科学的下属学科，是服务科学在管理上的应用。其核心使顾客满意，目的在于提高企业的核心竞争力。国内服务管理的方式主要是通过服务策略、服务执行和研究顾客需求，通过对生产过程、决策过程和消费过程的结合，将管理活动纳入到服务过程，形成服务系统中的一环。

第三部分是服务创新。这个部分是服务科学研究的重中之重，包括理论上的创新和组织上的创新。另外，技术的创新也对服务的创新有决定性意义。

服务创新可以通过技术上的突破和理论上的变革来实现，创建新型的整体服务体系层次，可以通过技术上的小发明创造，通过构思精巧的服务概念，使服务存在个性化的特色，塑造新的服务形象，建立标准化的服务特色。服务创新是集技术创新、组织创新、客户需求创新以及业务创新的一种综合性创新，但是最有意义的服务创新来自于顾客需求的创新。服务创新是服务科学研究的关键。

第四部分是服务工程。由于服务科学的实践意义，这一部分中包括对服务价值链的优化，主要是围绕服务的应用所展开。服务系统工程的研究内容是服务工程的重要方面，是对服务运营的研究。服务技术、服务最优化等都离不开服务工程研究的支撑。

4.3　方法与模型

4.3.1　服务科学的相关技术

(1) 服务管理：主要是指通过对服务的理念、营销、人力资源进行管理和操作，以便从客户那里获得最大收益的一种新型范式。

(2) 服务技术：服务技术和服务管理是推动现代服务业发展的两大主要因素。如果没有先进的服务技术，现代化的作业活动与管理活动就无法有效地开展；同样，如果没有高水平的服务管理活动相配合，先进的服务技术就难以充分发挥作用。而且，服务技术愈先进，对管理要求也就愈高。

(3) 服务运筹学：是近代应用数学的一个分支，主要是将生产、管理等事件中出现的一些带有普遍性的运筹问题加以提炼，然后利用数学方法进行解决。

运筹学的重要技术和工具有：数学规划(又包括线性规划、非线性规划、整数规划、组合规划等)、图论、网络流、决策分析、排队论、可靠性数学理论、库存论、对策论、搜索论、模拟等。

运筹学已渗入服务领域，可对各种服务活动进行创造性的科学研究，具有很强的实践性，最终能向决策者提供建设性意见，并收到实效。

(4) 博弈理论：分析在一群举止行为颇具策略的理性人之间的相互作用的正规方法。可从复杂的想象中抽象出基本元素，对这些元素构成的数学模型进行分析，而后逐步引入对其形势产生影响的其他因素，从而分析结果。

政府或者企业可以使用博弈论来应对已经出现的社会资源分配缺陷、利益分配制度不公等现象，制定相应的激励策略，解决"小猪躺着大猪跑"的劳而无获、多劳少得等问题。

(5) 社会计算。

广义定义：面向社会科学的计算理论和方法。

狭义定义：面向社会活动、社会过程、社会组织及其作用和效应的计算理论和方法。

主要目标：将人文知识嵌入社会计算，利用计算技术研究传统意义上的政治社会学问题，使静态的人文知识动态化，使定性的讨论数字化，使孤立的知识网络化，最终使社会的发展和规划科学化。

此外还包括组织理论、SoC(服务计算)、SoA(面向服务的体系架构)、普适计算以及计算虚拟化主流技术 Xen、KVM、VMWare 等。

4.3.2　服务工程方法论

服务工程方法体系(Methodology for Service Engineering，MSE)即服务工程方法论，旨在研究用工程化方法指导服务系统设计、服务生命周期各阶段活动，从而达到最优服务质量、最优成本的目的。

如同软件工程中存在结构化和面向对象两类典型的软件方法论一样，在服务工程领域，也需要一种或多种典型的服务工程方法论，以使服务系统研发人员有章可循。服务工程方法论由一整套方法、规则与步骤构成，用于对服务系统进行架构与功能规划、描述建模、构建，并对服务系统性能进行优化改进，以满足快速变化的客户需求。典型的代表有服务蓝图方法、Bullinger 的服务工程方法体系、基于软件工程的服务工程方法体系、模型驱动的服务方法体系(Service Model Driven Architecture，SMDA)、面向服务的业务——IT 对齐方法(BITAM-SOA)等。服务工程方法论用于支持服务及服务系统的建立，并对服务系统性能进行优化改进，以满足快速变化的客户需求，即：指导如何创建服务系统、开发新服务产品；指导如何利用技术来支持服务系统的设计、构建与部署，以更好地满足客户需求；指导如何由传统的以产品为中心转向以服务消费者即客户为中心的服务交付。服务工程方法体系涵盖了服务系统的全生命周期。

服务工程方法论的构成要素有：适宜的思维模式和分析的步骤与方法；辅助分析的工具；过程判断评价的指标、手段；实践与优化的标准与程序以及应用与维护的机构。

4.3.3　方法论与霍尔工程方法

方法论是以方法为研究对象的科学体系，是系统化、理论化的关于方法的理论。它主要研究方法建立的原则、方法之间的关系以及如何正确应用这些方法等，是任何学科都要不断探索的重要问题。研究服务工程必须树立整体、综合、价值和全过程观念，并尝试去构建它的系统工程或者系统科学体系。

系统工程方法论是用于解决复杂问题的一般程序、逻辑步骤和通用方法。系统工程方法论的基本特点是：研究方法强调整体性，技术应用强调综合性，管理决策强调科学性。比较经典的系统工程方法论有霍尔结构体系(霍尔三维结构、硬系统方法论)、切克兰德模式(软系统方法论)、综合集成工程方法学和物理-事理-人理系统方法论。

在这些已有方法论中，对服务工程方法论有较强指导意义是霍尔三维结构(Hall three dimensions structure)，它是由美国系统工程专家霍尔(A.D.Hall)于 1969 年提出的一种系统工程方法论。它的出现为解决大型复杂系统的规划、组织、管理问题提供了一种统一的思想方法，因而在世界各国得到了广泛应用。

霍尔三维结构是将系统工程的整个活动过程分为前后紧密衔接的七个阶段和七个步骤，同时考虑了为完成这些阶段和步骤所需要的各种专业知识和技能。这样，就形成了由时间维、逻辑维和知识维组成的三维空间结构，如图 4.9 所示。

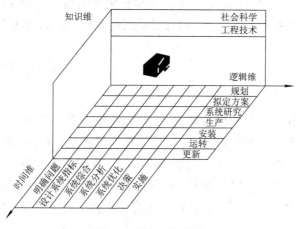

图 4.9 霍尔三维结构

霍尔三维结构是由时间维、逻辑维和知识维组成的立体空间结构。简要归纳如下：

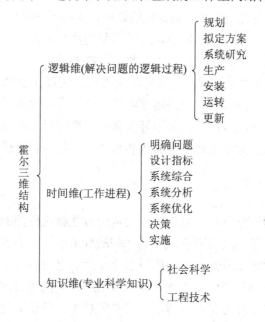

4.4 服务科学的数学基础——运筹学及相关理论

服务科学的研究进入了系统研究阶段，在这个过程中，运筹学作为服务科学的数学基础作用不断突显；同时，服务科学又促进了运筹学应用的新发展。现代运筹学有两个重要研究方向——信息不对称理论和复杂系统理论。

4.4.1　服务科学与运筹学

服务科学事实上是研究如何运用科学的方法和原则，管理服务的组织过程和资源，以达到服务的效果和效率的学问。它是在技术创新、产业创新、社会和组织创新的基础上，寻求如何在现有需求上有更多的创新，从而制造出更大的服务经济价值。运筹学在服务科学的发展中起到了数学基础的作用，而服务科学则是运筹学在 21 世纪发展的一个重要应用方向。

4.4.2　运筹学概述

田忌赛马的故事说明在已有的条件下，经过筹划、安排，选择了一个最好的方案，就会取得最好的效果。可见，筹划安排是十分重要的，这就是运筹学的魅力。现在普遍认为，运筹学是现代应用数学的一个分支，主要是将生产、管理等事件中出现的一些带有普遍性的运筹问题加以提炼，然后利用数学方法进行解决。前者提供模型，后者提供理论和方法。在服务科学中，运筹学的相关理论和模型对促进服务科学的运用和发展将起到非常重要的作用。

1. 运筹学的定义

运筹学一词来源于《史记》中"运筹帷幄之中，决胜千里之外"。运筹学作为一门数学学科，是在第二次世界大战期间形成的。运筹学是用数学的方法研究经济、民政和国防等部门在内环境的约束条件下合理调配人力、物力、财力的资源，使实际系统有效运行的技术科学。它可以用来预测发展趋势、制定行动规划或优选可行方案。

运筹学的定义主要有两方面：一是运筹学是一门寻求在给定资源条件下，如何设计和运行一个系统的科学决策的方法；二是运筹学是依据给定目标和条件，从众多方案中选择最优方案的最优化技术。数学是运筹学的核心与基础，信息技术也是运筹学得以完善和发展的重要工具与趋势。

2. 运筹学的实质

运筹学是一门利用科学方法，特别是使用数学方法解决资源的分配和使用的学科。它原本是用于研究作战计划的(此法最初被称为"作战分析法")，后来被一些生物学家、数学家、心理学家、天文学家以及其他方面的科学家延用。这与以往仅为军事家所用相比，更具有时效性。这种由不同领域的专家研究所形成的科学方法在美国的作战研究中取得了巨大的成功。从此，运筹学作为企业经营的一门管理技术，开始取得成效并逐渐在国内外发展了起来。

运筹学的实质在于建立和使用模型。模型的具体结构和形式总是与其要解决的问题相关联，模型在某种意义上说是客观事物的简化与抽象，是研究者经过思维抽象后用文字、图表、符号、关系式以及实体模型等对客观事物的描述。不加任何假设和抽象的系统称为现实系统，作为研究对象的系统来说，总是要求求解一定的未知量并给出相应的结论。求解过程如图 4.10 所示。图中左侧的虚线表示了人们最直接的目标，右侧的实线表示了这一目标的具体实现路径。

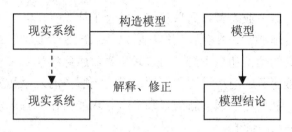

图 4.10　运筹学的工作过程

模型有三种基本类型，即形象模型、模拟模型和数学模型。运筹学模型主要是指数学模型。构造模型是一种创造性劳动，成功的模型是科学和艺术的综合体，其过程是一系列的简化、假设和抽象。在模型中现实系统的哪些方面可以忽略、哪些方面应该合并、可以做哪些假设以及模型应构造成什么形式等，都是该阶段需要回答的问题。在构造模型中常用的假设包括两方面的内容：一方面是离散变量的连续性假设；另一方面是非线性函数关系的线性假设。很显然，构造模型阶段具有一定的主观性，在某种意义上说，面对相同的现实系统，不同的人能构造出完全不同的模型，而它们之间可能并无优劣之分。当然，这并不意味着根本不存在区分好坏模型的客观标准，也并非说明模型的效用与模型的建立过程无关。虽然对具体的模型可能会有许多特殊的标准，但是总的来说模型的好坏决定于其对现实系统目标的实用性。既然运筹学模型主要是指数学模型，那么什么是数学模型呢？数学模型可以简单地描述为：用字母、数字和运算符来精确反映变量之间相互关系的式子或式子组。数学模型由决策变量、约束条件和目标函数三个要素构成。决策变量即问题中所求的未知的量；约束条件是决策所面临的限制条件；目标函数则是衡量决策效益的数量指标。

3. 运筹学的基本方法

运筹学属于应用数学范畴，具体地说，它是一门管理数学，是一种通过对系统进行科学的定量分析，从而发现问题、解决问题的系统方法论。与其他的自然科学不同，运筹学研究的对象是事，而不是物，它揭示的是事的内在规律性，研究的是如何把事办得更好的方式方法。因此，根据运筹学的这种特性，有人也把运筹学称为事理科学。经过长期的实践，运筹学已形成了自己特有的方法论：从整体优化的角度出发，使用科学方法，来解决实际的各种问题。其中解决问题的一般过程如下：确定问题(提出界定问题)——问题导向适当选择(构造 OR 模型)——模型求解(优化求解过程)——检查模型的有效性(进行解的评价)——考察执行情况(提供决策支持)。

运筹学中使用的数学方法是多种多样的，包括代数、数学分析、概率统计、组合分析、具有一定实验性质的模拟方法，大量使用计算机，与其他学科如计算机科学、行为科学、控制论、管理学科、系统分析与系统工程等相互交融渗透，这一切标志着运筹学已经走向成熟。如今，计算机的崛起使得运筹学进入飞速发展的新阶段。线性规划算法的研究带动了各个分支理论与方法的更大发展，新领域、新方法不断萌发，应用范围则更加广泛。

4. 服务科学与运筹学的关系

服务科学是以现代服务业为背景而兴起的，融合了计算机科学、运筹学、经济学、产业工程、商务战略、管理科学、社会和认知科学以及法律等诸多科学的，研究发展以服务为主导的经济活动所需的理论和技术的一门新兴科学。服务科学事实上是研究如何运用科学的方法和原则，管理服务的组织过程和资源，以达到服务的效果和效率的学问；它是在技术创新、产业创新、社会和组织创新的基础上，寻求如何在现有需求上有更多的创新，从而制造出更大的服务经济价值。

运筹学主要研究经济活动和军事活动中能用数量来表达的有关策划、管理方面的问题。事实上，服务管理和创新也需要运用到运筹学的相关理论和知识。因此，从这种意义上来说，运筹学在服务科学的发展中起到了数学基础的作用，而服务科学则是运筹学在新世纪发展的一个重要应用方向。

5. 运筹学在服务科学中的应用

在运筹学不断发展的过程中，其应用领域也得到了新的扩展，表现在运筹学理论与方法为诸多技术领域所接受，如航空航天、汽车、机械等行业广泛采用"优化设计"、CAD 等。从实际运用的情况看，运筹学是用来帮助解决生产和经济规划中的某些实际问题并使之发挥最大效率的一门科学，其应用领域非常广阔。它已渗透到服务、库存、搜索、人口、对抗、控制、时间表、厂址定位、资金分配、设计、能源、生产、可靠性、设备维修和更换、检验、决策、管理、规划、行政、组织、信息处理和回复、投资、交通、市场分析、区域规划、教育、医疗卫生、预测等许多方面。运筹学研究的内容十分广泛，如在生产和运输等方面的资源分配问题，即最优利用给定资源问题，就可利用线性规划或动态规划法来解决；对于根据窗口数目、服务时间和顾客的到达情况估计顾客在窗口处排队长度的问题，这种问题常发生在车站售票处、货船码头和故障机械维修厂，解决的方法可采用排队论；如在库存品费用和由于库存品用完而造成损失的费用相互平衡的基础上，解决最优库存量的问题，可用库存论解决；如工厂的设备计划、通信系统的维修及新产品的研制等，可用最优化来解决；如果是考虑竞争的行为，如在产品销售和新产品研制等企业战略问题上，可用对策论的方法来解决。总之，运筹学的应用是十分广泛的。运筹学在服务科学中的应用主要体现在以下几个方面：

(1) 数学规划论在现代服务中的应用。

数学规划论是运筹学的一个重要组成部分。在现代服务管理中，常用规划论来解决资源利用问题、运输问题、人员指派问题、配载问题等。

(2) 存储论在现代服务中的应用。

运筹学中的存储论在进行存储服务管理方面同样发挥着有效的作用。如流通服务企业的库存控制、物流系统中仓库设施容量的确定、停车场规模的确定等，特别是将存储理论与计算机技术相结合，可以实时地对库存进行监控调度，从而提高管理效率，节省存储费用。

(3) 图与网络分析在现代服务中的应用。

图与网络在现代服务领域中的应用也很显著，其中最明显的应用是运输服务问题、物流网点间的物资调运和车辆调度时运输路线的选择、配送中心的送货、逆向物流中产品的回收等，运用了图论中的最小生成树、最短路、最大流、最小费用等知识，求得运输所需时间最少、路线最短或费用最省的路线。另外，工厂、仓库、配送中心等设施的选址问题，服务领域内部工种、任务、人员的指派问题，设备更新问题，也都可运用图论的知识辅助决策者进行最优的安排。

(4) 对策论(博弈论)在现代服务中的应用。

在市场经济条件下，服务业也充满了竞争。对策论是一种定量分析方法，可以帮助服务企业寻找最佳的竞争策略，以便战胜对手或者减少损失。例如，在一个城市内有两个服务中心提供相同的服务，为了争夺市场份额，双方都有许多策略可供选择，可以运用对策论进行分析，寻找最佳策略。

(5) 排队论在现代服务中的应用。

排队论把请求服务的对象称为"顾客"，实现服务的工具或人员统称为"服务机构"(或服务台)。由顾客和服务机构构成了服务系统。例如在货场，要求卸货的汽车和承担卸货工作的机械和人员构成了一个服务系统；在仓库，领料人员和仓库保管员构成了一个服务系统；在公交方面，乘客和出租汽车构成了一个服务系统；在商店买东西，售货员和顾客构成了一个服务系统；在机场，要求降落的飞机和机场跑道构成了一个服务系统；在车间里，机器发生故障时需要维修人员维修，维修人员和待维修的机器构成一个服务系统；等等。

本 章 小 结

本章开头介绍了互联网—服务—信息处理—数据分析—软件—人工智能之间相互支撑的关系，可以说它们的高度融合构成了时下流行的物联网。由于智能处理技术的加入，使得物联网由信息化的物联网演变成了智能化的物联网，也就是智能信息网络。除此之外，本章还讲述了软件服务的内容，其实软件即服务，而事物可以提供给我们服务，越高级越智能的事物就越能为我们提供人性化的服务。

习 题

1. 智能系统研究有几个发展阶段？
2. Agent 是谁在什么时候提出的。
3. 请从"弱定义"和"强定义"两个方面分别解释一下 Agent。
4. 请用图表示出 Agent 与环境的交互模型。
5. 什么是服务？什么是服务科学？

6. 服务科学的相关技术有哪些?

7. 请简要归纳霍尔三维定律。

8. 请画出运筹学的工作过程。

9. 运筹学在服务科学中的应用主要体现在哪几个方面?

本章参考文献

[1]　王汝传，徐小龙，黄海平. 智能 Agent 及其在信息网络中的应用. 北京：北京邮电大学出版社. 2006.

[2]　王崇海，朱云龙，尹朝万. 面向物流管理的移动 Agent 应用. 计算机工程，2006.

[3]　王万森. 人工智能原理及其应用. 2 版. 北京：电子工业出版社，2007.

[4]　操龙兵，戴汝为. 开放复杂智能系统：基础、概念、分析、设计与实施. 北京：人民邮电出版社，2008.

[5]　钟义信. 机器知行学原理. 北京：科学出版社，2007.

[6]　钟义信. 社会动力学与信息化理论. 广州：广东教育出版社，2007.

第五章 物联网的知识体系与课程安排

物联网作为战略新兴产业的重要组成部分，它需要宽厚的技术基础，而掌握技术是需要知识学习作为其支撑的。本章我们讲述物联网的知识体系与课程安排。

5.1 物联网的知识体系

在物联网蓬勃发展的同时，相关统一协议的制定工作正在迅速推进，无论是美国、欧盟、日本、中国等物联网积极推进国，还是国际电信联盟等国际组织，都提出了自己的协议方案，都力图使其上升为国际标准。但是，目前还没有世界公认的物联网通用规范协议。不可否认的是，整体上物联网分为软件、硬件两大部分。软件部分即为物联网的应用服务层，包括应用、支撑两部分。硬件部分分为网络传输层和感知控制层，分别对应传输部分和感知部分。软件部分大都基于互联网的 TCP/IP 通信协议，而硬件部分则有 GPRS、传感器等通信协议。本章通过介绍物联网的主要技术，分析其知识点、知识单元、知识体系，来帮助学生掌握实用的软件、硬件技术和平台，理解物联网的学科基础，从而真正领悟物联网的本质。物联网体系框架如表 5.1 所示。

表 5.1 物联网体系框架

	感知控制层	网络传输层	应用服务层
主要技术	EPC 编码和 RFID 射频识别技术	无线传感器网络、PLC、蓝牙、WiFi、现场总线	云计算技术、数据融合与智能技术、中间件技术
知识点	EPC 编码的标准和 RFID 的工作原理	数据传输方式、算法、原理	云连接、云安全、云存储、知识表达与获取、智能 Agent
知识单元	产品编码标准、RFID 标签、阅读器、天线、中间件	组网技术、定位技术、时间同步技术、路由协议、MAC 协议、数据融合	数据库技术、智能技术、信息安全技术
知识体系	通过对产品按照合适的标准进行编码来实现对产品的辨别，通过射频识别技术完成对产品的信息读取、处理和管理	技术框架、通信协议、技术标准	云计算系统、人工智能系统、分布智能系统

续表

	感知控制层	网络传输层	应用服务层
软件(平台)	RFID 中间件(产品信息转换软件、数据库等)	NS2、IAR、KEIL、Wave	数据库系统、中间件平台、云计算平台
硬件(平台)	RFID 应答器、阅读器,天线组成的 RFID 系统	CC2430、EM250、JENNIC LTD、FREESCALE BEE	PC 和各种嵌入式终端
相关课程	编码理论、通信原理、数据库、电子电路	无线传感器网络简明教程、电力线通信技术、蓝牙技术基础、现场总线技术	微机原理与操作系统、计算机网络、数据库技术、信息安全

物联网工程是教育部批准新设立的战略性新兴产业相关本科专业,学科基础一般依靠计算机科学与技术、信息与通信工程、智能科学与技术、控制科学与工程等主干学科。其主要课程大致如下:计算导论与程序设计、电路与电子学基础、离散数学、数字逻辑与数字系统、物联网技术导论、信号与系统、算法与数据结构、计算机组成原理、通信原理、操作系统、计算机网络、现代交换原理、数据库系统原理、计算机系统结构、人工智能、传感器技术与系统、控制论基础、算法设计与分析、信息与网络安全、无线传感器网络、物联网信息处理技术、RFID 技术、物联网工程实践、云计算、服务计算、多媒体技术、物流工程与系统、现代通信网等。

按照一般工程专业划分,物联网工程可分为三大知识领域:通识基础类知识领域、综合管理类知识领域和专业技术类知识领域。本书重点讨论物联网工程专业技术类知识领域,并进一步分析关键知识点。

物联网工程专业知识体系如图 5.1 所示。

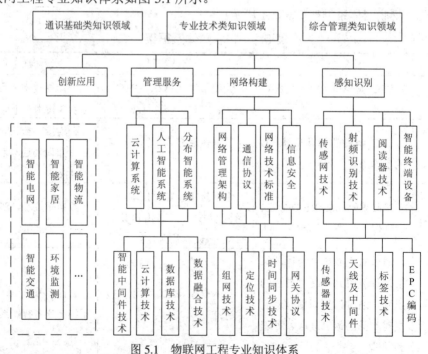

图 5.1　物联网工程专业知识体系

5.1.1 物联网工程知识领域

物联网工程专业涉及以下三个知识领域：

(1) 通识基础类知识领域："非专业、非职业性的教育"，通过这部分知识的学习让同学们掌握最基本的常识性知识。

(2) 综合管理类知识领域：人文环境、法律法规、经济与管理、心理素质、职业修养及道德教育等。

(3) 专业技术类知识领域：凡涉及到学科基础、技术技能及学科发展方向的相关领域。

三个知识领域的名称和内容如表 5.2 所示。

表 5.2 工程专业知识领域

知识领域名称	内　　容	课程学时比例
通识基础类知识领域	思政课程、英语、计算机等	20%
专业技术类知识领域	专业基础课程，必修和选修课程等	70%
综合管理类知识领域	经济与管理、职业道德教育等	10%

5.1.2 物联网工程知识模块

物联网工程专业技术类知识领域主要涵盖四个知识模块，包括感知识别、网络构建、管理服务和创新应用。具体内容如表 5.3 所示。

表 5.3 专业知识模块

知识模块名称	内　　容
感知识别	由数据采集子层、短距离通信技术和协同信息处理子层组成。数据采集包括传感器、RFID、多媒体信息采集、二维码和实时定位等技术，涉及到各种物理量、标识、音频和视频多媒体数据。通过短距离通信技术和协同信息处理子层将采集到的数据在局部范围内进行协同处理，以提高信息的精度，降低信息冗余度，并通过自组织能力的短距离传感网接入广域承载网络
网络构建	将来自感知层的各类信息通过基础承载网络传输到应用层，包括移动通信网、互联网、卫星网、广电网、行业专网及形成的融合网络等。涉及到传感网技术、通信协议等技术单元
管理服务	由云计算、引擎等数据存储、分析、处理系统等组成，在高性能计算和海量存储技术的支撑下，管理服务层将大规模数据高效、可靠地组织起来，为上层行业应用提供智能的支撑平台
创新应用	主要将物联网技术与行业专业系统相结合，实现广泛的物物互联的应用解决方案，主要包括业务中间件和行业应用领域

上述知识模块中，感知识别、网络构建两个知识模块属于物理基础层次，主要涉及到硬件，如 RFID 应答器、阅读器、天线及嵌入式终端等，因此本部分实验、实践较多；管理服务、创新应用则偏向软件，如中间件框架设计、编程实现等。

5.1.3 物联网工程知识单元

物联网工程专业涵盖的知识单元较多，其中感知识别模块主要包括四个知识单元：传感网技术、射频识别技术、阅读器技术和智能设备；网络构建知识模块主要包括四个知识单元：网络技术框架、通信协议、技术标准和信息安全；管理服务知识模块主要包括三个知识单元：云计算系统、人工智能系统和分布智能系统；创新应用包括四个知识单元：智能电网、智能交通、智能家居和环境监测。

物联网工程专业主要知识单元如表 5.4 所示。

表 5.4　专业知识单元

传感网技术	传感网技术作为信息获取的重要核心技术，以其自动识别、安全可靠和可以动态跟踪的特点，实现真正物与物对话的应用
射频识别技术	射频识别技术是一项利用射频信号的空间耦合(交变磁场或电磁场)实现无接触信息传递并通过所传递的信息达到识别目的的技术
阅读器技术	阅读器适用于快速、简便的系统集成，且性能可靠、功能齐全、安全性高，由实时处理器、操作系统、虚拟移动内存和一个小型的内置模块组成
智能终端设备	智能终端设备是指那些具有多媒体功能的智能设备。这些设备支持音频、视频、数据等方面的功能，如可视电话、会议终端、PDA 等
网络技术框架	内容包括：网络管理概述、网络管理观点、网络管理构件块、应用网络管理
通信协议	通信协议是指双方实体完成通信或服务所必须遵循的规则和约定。协议定义了数据单元使用的格式，信息单元应该包含的信息与含义，连接方式，信息发送和接收的时序，从而确保网络中的数据顺利地传送到确定的地方
技术标准	技术标准是指重复性的技术事项在一定范围内的统一规定。标准能成为自主创新的技术基础，源于标准制定者拥有标准中的技术要素、指标及其衍生的知识产权
信息安全	信息安全包括的范围很大，网络环境下的信息安全体系是保证信息安全的关键，包括计算机安全操作系统、各种安全协议、安全机制(数字签名、信息认证、数据加密等)，直至安全系统，其中任何一个安全漏洞都可威胁全局安全
云计算系统	云计算操作系统是云计算后台数据中心的整体管理运营系统，它是指构架于服务器、存储、网络等基础硬件资源和单机操作系统、中间件、数据库等基础软件来管理海量的基础硬件、软资源之上的云平台综合管理系统
人工智能系统	人工智能系统是指通过了解智能的实质，构造出一种新的能以人类智能相似的方式做出反应的智能系统，部分替代或辅助人类工作

5.1.4　物联网工程知识点

物联网工程主要有以下关键知识点：EPC 编码、标签技术、天线及中间件、传感器技术、网关协议、时间同步技术、定位技术、组网技术、数据融合及数据库技术、云计算技术和智能中间件技术等，如表 5.5 所示。

表 5.5　专业知识点

EPC 编码	EPC 编码的目标是提供对物理世界对象的唯一标识。它通过计算机网络来标识和访问单个物体，就如在互联网中使用 IP 来标识、组织和通信一样
标签技术	标签技术是一项利用射频信号的空间耦合来实现无接触信息传递并通过所传递的信息达到识别目的的技术
天线及中间件	天线及中间件把传输线上传播的导行波变换成在无界媒介中传播的电磁波，或者进行相反的变换
传感器技术	传感器是指能感受规定的被测量，并按照一定的规律转换成可用输出信号的器件或装置
网关协议	网关在传输层上以实现网络互联，是最复杂的网络互联设备，既可以用于广域网互联，也可以用于局域网互联，使用在不同的通信协议、数据格式或语言，甚至体系结构完全不同的两种系统之间，大多数网关运行在 OSI 七层协议的顶层——应用层
时间同步技术	目前有多种时间同步技术，每一种技术都各有特点，不同技术的时间同步精度也存在较大的差异，如长、短波授时等
定位技术	目前的定位技术包括 GPS、基站定位以及网络混合定位等
组网技术	组网技术就是网络组建技术，分为以太网组网技术和 ATM 局域网组网技术。以太网组网非常灵活和简便，可使用多种物理介质，以不同拓扑结构组网，已成为网络技术的主流
数据融合及数据库技术	数据库技术是一种计算机辅助管理数据的方法，它研究如何组织和存储数据，如何高效地获取和处理数据，通过研究数据库的结构、存储、设计、管理以及应用的基本理论和实现方法，不同类型、结构的数据汇总分析，并利用这些理论来实现对数据库中的数据进行处理、分析和理解的技术
云计算技术	云计算技术是分布式计算技术的一种，透过网络将庞大的计算处理程序自动分拆成无数个较小的子程序，再交由多部服务器所组成的庞大系统经搜寻、计算分析之后将处理结果回传给用户
智能中间件技术	智能中间件屏蔽了底层操作系统的复杂性，减少了程序设计的复杂性，从而大大减少了技术上的负担。智能中间件缩短了开发周期，减少了系统的维护、运行和管理的工作量，还降低了计算机总体费用的投入

5.2 物联网的课程体系

5.2.1 总体培养目标

本专业培养适应国家战略性新兴产业发展需要，德智体美全面发展，基础扎实，知识面宽，实践能力强，具有较高的思想道德水平，良好的科学文化素养、敬业精神和社会责任感与创新意识，在掌握一定的数学、计算机科学理论知识的基础上，系统地掌握物联网的基本理论、基本架构、关键技术、基本技能与方法，具备通信技术、网络技术、传感技术的基本理论、基本知识和应用技能，熟练掌握相关软硬件产品的使用和维护能力，同时掌握计算机科学与技术、通信与信息系统等学科的基本知识和应用能力，能在信息产业、国民经济企事业等部门和单位从事与物联网有关的技术工作，也能在高等院校和科研单位从事与物联网有关的技术开发和教学的高级跨专业复合型技术人才。

5.2.2 学制与学位

学制：四年。

采用 2 + 2 的分段统筹培养方式，第 1、2 学年按大类培养，第 4 学期末选拔有志于从事物联网工程技术及管理工作的学生进入该专业。第 3、4 年进入工程专业教育阶段，根据专业领域进行分类培养，第 8 学期结合毕业实习完成本科毕业设计。

学位：授予工学学士学位。

5.2.3 课程分类

本专业课程体系主要分为通识教育课、公共基础课、专业基础课、专业必修课、专业选修课、实践课程和职业道德教育课程。物联网专业的课程体系结构如图 5.2 所示。

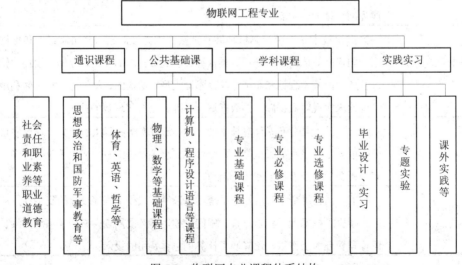

图 5.2　物联网专业课程体系结构

通识教育课是高等教育的组成部分，它是"非专业、非职业性的教育"，通过这部分知识的学习让同学们掌握最基本的常识性知识。

公共基础课是高等和中等专业学校的各专业学生共同必修的课程，通过这部分知识的学习让同学们掌握作为一名大学生所要学习的源于初高中又高于初高中的理论性知识。

专业基础课是高等学校和中等专业学校中设置的一种为专业课学习奠定必要基础的课程，它是学生掌握专业知识技能必修的重要课程。

专业必修课顾名思义就是所学专业必须要修的课程，它与专业选修课相对应。

专业选修课是指与专业相关的一类选修课的统称，它一般是学校根据本校学生的知识水平、能力和兴趣确定的，如果学校认为部分学生有能力和兴趣完成某一专业课程，而该课程既不是所有学生都有该能力或兴趣，又不是必须作为所有学生知识成长一部分的课程，通过这部分知识的学习让学生掌握专业方向性知识。

实践课程包括课程实验、课程设计、专业实习、毕业设计以及课外实践活动等，主要锻炼学生动手能力、理论联系实际、创新创造意识和技术能力。

职业道德是同人们的职业活动紧密联系的符合职业特点所要求的道德准则、道德情操与道德品质的总和，是人在职业社会的立身之本。对学生进行由始至终的职业道德教育，既符合个人发展的需要，更契合社会发展的要求。

5.2.4　课程设置

物联网工程专业是以计算机学科为基础，计算机与通信、电子、自动化等学科的交叉专业，其应用涉及到各个行业、各个领域。由于每个学校的专业背景和学科特色都不一样，因此各自依托的背景学科都不甚相同，反映在课程体系上形成差别，致使学生的知识体系也就会不同。但是，物联网工程专业的培养计划和目标与卓越工程师计划不谋而合，可以认为物联网工程将成为卓越工程师计划的典型应用，对于其他专业的培养起着积极的示范意义。

物联网工程专业以培养卓越物联网工程师为目标，构建如下理论教学体系和实践教学体系：

- 理论教学：通识基础课、公共基础课、学科课程等模块。
- 实践教学：分层次工程实践、课程设计、工程设计、专业实验。

建议学分：

- 理论教学：约 150 学分。
- 单独安排的实践环节：约 50 学分。

该实践环节包括军训、社会实践、计算机应用实践等)各专业可根据本专业工程师培养要求对学分提出具体方案。表 5.6 所示为理论教学学分分布，表 5.7 所示为工程实践环节，表 5.8 所示为初步的教学进程安排。

表 5.6　理论教学学分分布表

类　别	通识基础课	公共基础课	学科课程			合计
			专业基础课	专业必修课	专业选修课	
建议学分	15	20	70	30	15	150
占理论教学比例/%	10	13.3	46.7	20	10	100

表 5.7　工程实践环节

序　号	课　程　名　称	周　数	学　分
1	金工实习	3	3
2	认识实习	2	2
3	课程设计	3	3
4	生产实习	8	8
5	工程设计	6	6
6	毕业实习及毕业设计(论文)	18	18
7	科技创新		3
合　计		40	43

表 5.8　课程学期进度安排表

学期	理　论　课　程
1～3学期	通识基础课程：思政课程、英语、经济与管理等 公共基础课程：高等数学、大学物理、计算机基础、程序设计语言等 职业教育课程：新生入学教育、职业规划等
4学期	通识基础课程：思政课程、英语等 专业基础课程：电工技术、制图课程等
5学期	专业基础课程：学科基础理论课程、课程设计
6学期	工程专业基础课程、专业必修专业课程 生产实习
7学期	工程专业选修课程、工程设计 职业教育课程
8学期	毕业实习及毕业设计

本书提供了一种物联网工程课程教学计划建议，如表5.9所示。

表5.9 物联网工程课程教学计划

	通识课程	公共基础课	专业基础课	专业必修课	专业选修课	实践课
第一学年	毛泽东思想、邓小平理论、三个代表概论 马克思主义基本原理 大学生新生教育研讨课	大学英语 高等数学 线性代数 计算机文化基础 程序设计基础	电路分析 工程制图	物联网工程导论		大学物理实验 电路实验 程序设计基础课程设计
第二学年	形式与政策、军事理论等 思想道德修养与法律基础 沟通与交流	大学物理 高等数学 复变函数 数学分析 概率论与数理统计	数字电子技术 模拟电子技术 信号与系统 现代通信技术 计算机网络	物联网工程技术基础 计算机组成原理 面向对象程序设计 嵌入式操作系统	单片机原理及应用 嵌入式系统	数字电子技术实验 模拟电子技术实验 计算机网络课程设计 嵌入式系统课程设计
第三学年	职业规划和职业道德教育		数据结构 传感器原理与应用 物联网安全概论 高级编程技术 物联网技术及应用	物联网系统模型 软件工程 操作系统 数据库系统原理 数字信号处理 云计算	人工智能 多媒体技术 EPC与RFID技术 数据通信原理 Linux程序设计环境 无线传感器网络 ARM结构与编程	操作系统课程设计 数据库原理课程设计 数据结构课程设计 物联网综合应用与实践
第四学年	职业守则和创业教育			网络安全 物联网行业案例分析	信息安全概论	软件工程课程设计 毕业实习 毕业设计

本 章 小 结

本章介绍了物联网的知识体系和课程安排。从某种意义上讲，这部分内容要配合《普通高等学校物联网工程专业知识体系和课程大纲》这本书共同学习。通过这部分的学习，我们可以明确自己的专业内容、专业方向以及专业发展，更好地定位自己的人生。

习 题

1. 简述物联网的主干课程。
2. 物联网分为软件和硬件，请说出软件和硬件分别指什么。
3. 物联网工程专业主要有哪些关键知识点？
4. 简述物联网工程的三大知识领域。

5. 物联网工程专业技术类知识领域涵盖哪四个知识模块？每个知识模块包含哪些知识单元？

6. 什么叫做专业选修课？

7. 物联网工程技术基础被安排在哪一学年学习？

本章参考文献

[1] 王志良，闫纪铮. 普通高等学校物联网工程专业知识体系和课程大纲. 西安：西安电子科技大学出版社，2011.

第六章　物联网工程师的合格人才标准

本书以上各章的讲解主线，是沿着"物联网基本介绍—物联网应用案例讲解—支撑技术—物联网知识体系—大学课程安排"进行的，清楚了主要脉络之后，我们都为选择"物联网工程"这个战略性新兴产业相关专业而感到心存高远，跃跃欲试。大家不禁会问，如何做一名合格的物联网工程师呢？如何成为一名物联网行业的人才呢？

我们的回答是：先做人，再处事，终生学习。

6.1　物联网需要的人才

何谓人才？社会到底需要何种人才？人才的标准是什么？

中共中央、国务院 2010 年 6 月 6 日发布的《国家中长期人才发展规划纲要(2010－2020年)》指出，人才是指具有一定的专业知识或专门技能，进行创造性劳动并对社会作出贡献的人，是人力资源中能力和素质较高的劳动者。

人才——"才"即"才能"，通俗地说，就是指有本事的人。

人材——"材"即"木材"，即可造之材的意思。"人材"经过精心雕琢而成为人才。

人才标准：

(1) 具备高尚的伦理道德。

(2) 在博学广识的基础上，在某一个领域或某些领域有所专长。

(3) 效率高，讲方法，洞察力强，吃苦耐劳，有创造性思维。

一个卓越的物联网工程师，必然是一个责任心强、有着良好职业道德、技术精湛的合格人才。

一句话，做人、处事、学习是我们在大学里必须学会的人才之道。

6.2　如何做人——物联网工程师职业道德

为什么要先学做人呢？

首先来看看物联网给我们带来的伦理挑战。互联网的广泛应用，使得信息工程师可以身处一个不为人知的空间，利用自身所掌握的专业知识，看到客户的个人隐私而不被人监督，人性的弱点使得个别信息工程师窥视他人隐私的心理膨胀，甚至屡屡发生计算机犯罪的事情。更有甚者，物联网工程师不仅可以看到别人的隐私，而且看到了客户的财产"物品"。如果没有良好的职业道德，就有可能见财起意，不仅看到客户的隐私，而且可能会动别人的"奶酪"，可以说，这是对物联网工程师的一个挑战。因此，我们物联网专业的授业者和学习者，必须正视这个问题，我们必须先学做人，建立良好的职业道德。

作为未来的物联网工程师，应该牢记职业道德与行为规范。《物联网工程师的职业道德与行为规范》规定：

(1) 遵守国家的法律法规，遵守物联网行业的国家标准。

(2) 履行"开放、包容、探索、创新"的物联网精神；坚持"政产学研用资"即政府—产业—大学—研究—应用—资本联合发展物联网事业的原则。

(3) 坚持高尚的"社会道德—职业道德—个人修养"三位一体化的物联网伦理道德规范，尊重知识产权，保护他人的隐私和财产，诚实可信，信守为雇主、客户和用户保密，避免损害他人利益。

(4) 努力钻研，提高专业技能，具备团队精神，遵守合同、协议和分派的任务，保质保量地完成所交给的技术工作，只在授权状态下使用计算机及通信资源。

(5) 积极研究、参与制定物联网工程建设的行业规范，以法规的模式约束物联网全行业的从业者。

(6) 坚持宽口径(多学科)、厚基础(数理，英语)、重能力(实际动手)、求创新(思想开放)的工科人才培养理念，做一名卓越的物联网工程师。

我们如何理解这些规范并自觉遵守物联网行为规范呢？换句话说，当我们毕业走向社会时，每个人都希望找到理想的位置。社会是如何接受我们的呢？我们来看几个方面的例子。

(1) 信息工程师在美国银行软件系统装后门程序来盗款而被捕。

一名优秀的信息工程师在为美国银行开发安装计算机软件时，利用其对银行业务的了解和程序漏洞，在银行系统中安装了黑客程序，导致在每一次银行客户操作时，黑客程序都会自动地向他自己的账户上存入一分钱。很快他就成了富翁，当然他也很快被揪出来，并因为盗窃他人钱财而锒铛入狱。

(2) 美国波音公司用人的十条标准。

① 出色掌握工程的科学基础：数学(包括统计学)，物质科学和生命科学，信息技术。

② 熟悉设计与制造过程(即了解工程)。

③ 初步了解工程实践的范畴，包括经济学和商务实践，历史，环境，顾客和社会需要。

④ 跨学科的系统视野。

⑤ 出色的交流技能，包括写作的和言语的，以及图的和听的技能。

⑥ 高尚的伦理标准。

⑦ 批判性思维和创造性思维的能力，独立工作和合作的能力。

⑧ 灵活性，即一种应变能力和接受迅速而重大变化的自信心。

⑨ 有好奇心和终身学习的愿望。

⑩ 深刻理解小组工作的重要性。

(3) 四书五经被列为台湾地区高中生的"必选"科目。

据新加坡《联合早报》报道，我国台湾省教育部门公布了高中"中华文化基本教材"课纲草案，将《论语》、《孟子》、《大学》和《中庸》等"四书"的"中华文化基本教材"列为高中生的"必选"科目。根据其课纲，未来高一上、下学期和高二上学期，每周将有一小时的"论语选读"，高二下学期和高三上学期有一小时的"孟子选读"，高三下学期则有一小时的"大学中庸选读"。研读经典，是要落实中华文化精髓的传承，建立包容、开放、深邃、丰富的意识，并培养具备全球视野的文化素养。主动积极规划这项重要政策，主要是考虑社会各界的建议，因为当前校园霸凌、帮派、毒品渗入等社会现象令人忧心，社会各界人士关心下一代人格身心发展，多希望藉由中华文化基本教材，倡导修身、齐家以及伦理道德品格观念之涵。

(4) 中央党校的课程。

2011 年 6 月 21 日，中央外宣办举行新闻发布会，中央党校副校长陈宝生首次对外披露了党校的课程设置内容。在介绍中国共产党干部教育和培训工作等方面情况时，他表示，收受贿赂等问题，都与党员的理想、信念淡化、弱化甚至丧失关系极大，因此党校特别开设了反腐倡廉、中华民族传统美德学习等课程，并引导学员学习应用微博、博客等网络新媒体。党校在现有的班次里增加了马克思主义等经典原著研读的分量。

陈宝生说，中央党校对于中华民族传统美德的学习设有专门的课程，经常举办专题讲座，有一个教研部门叫文史部。

他表示，中央党校高度重视中华传统美德的教育，因为"我们是在中国这块大地上为中国人民服务的，我们这个学校是在中国共产党领导下，在中国大地上培养为中国人民服务的干部的，我们如果不加强这方面的教育，对我们来说至少是一种失职"。

从以上几个不同方面的例子可以看出，我们必须遵守职业道德规范，否则社会是不会接受你的。建立良好的物联网职业道德是我们走向成功的必由之路。或者说，做人、处事、学习是我们在大学里必须学会的成才之道。在这个道德重建的年代，我们要做一个社会需要的栋梁之才，就必须要有一定的思想，思想决定高度。

要建立高尚的理论道德，我们有必要弄清楚中华传统美德的基本内容：

(1) 做人之道——仁者爱人，自强不息。

要成为人才，首先要有良好的人品和伦理道德。要有传统美德，首先要坚持我们的民族精神，要牢记我们的中华文化之根。我们的民族精神是什么？简单地说是，中华民族之魂——仁者爱人，自强不息。我们的文化之根是什么？简单点说，中华文化之根就是"四书五经"。"四书五经"是"四书"和"五经"的合称，是中国儒家经典的书籍。"四书"指的是《论语》、《孟子》、《大学》和《中庸》；而"五经"指的是《诗经》、《尚书》、《礼记》、《周易》和《春秋》，简称为"诗、书、礼、易、春秋"。在这之前，还有一本《乐经》，合称"诗、书、礼、乐、易、春秋"，这六本书也被称做"六经"。其中的《乐经》后来亡佚了，就只剩下了五经。"四书五经"是南宋以后儒学的基本书目，也是儒生学子的必读之书。当时著名理学家朱熹在福建漳州将《大学》、《论语》、《孟子》、《中庸》汇集到一起，作为一套经书刊刻问世。这位儒家大学者认为"先读《大学》，以定其规模；次读《论语》，以定其根本；次读《孟子》，以观其发越；次读《中庸》，以求古人之微妙处"。

作为将来的物联网工程师，我们只要学习"四书五经"的基本主旨就可，主要是对《论语》、《孟子》、《大学》要有基本了解。

(2) 《论语》——半部论语治天下。

《论语》是儒家学派的经典著作之一，由孔子的弟子及其再传弟子编撰而成。它以语录体和对话文体为主，记录了孔子及其弟子言行，集中体现了孔子的政治主张、伦理思想、道德观念及教育原则等。通行本《论语》共二十篇。

《论语》作为一部涉及人类生活诸多方面的儒家经典著作，许多篇章谈到做人的问题，这对当代人具有借鉴意义。

其一，做人要正直磊落。孔子认为："人之生也直，罔之生也幸而免。"(《雍也》)在孔子看来，一个人要正直，只有正直才能光明磊落。然而我们的生活中不正直的人也能生存，但那只是靠侥幸而避免了灾祸。按事物发展的逻辑推理，这种靠侥幸避免灾祸的人迟早要跌跟头。

其二，做人要重视"仁德"。

其三，做人要重视修养的全面发展。

作为一部优秀的语录体散文集，它以言简意赅、含蓄隽永的语言，记述了孔子的言论。《论语》中所记孔子循循善诱的教诲之言，或简单应答，点到即止；或启发论辩，侃侃而谈；或富于变化，娓娓动人。

"五四运动"以后，《论语》作为封建文化的象征被列为批判否定的对象，而后虽有新儒学的研究与萌生，但在中国民主革命的大背景下，儒家文化在中国并未形成新的气候。时代的发展，社会的前进，不能不使人们重新选择新生的思想文化，这就是马克思主义在中国的传播以及社会主义新文化的诞生与发展。

事实上，当我们摆脱了形而上学的思维方式，真正确立唯物辩证的思维方法，并用它剖析中国传统文化的时候，就会发现其中的精华，《论语》便是其中之一。不可否认，《论语》有自己的糟粕或消极之处，但它所反映出来的两千多年前的社会人生精论，富有哲理的名句箴言，是中华民族文明程度的历史展示。即使今天处在改革开放、经济腾飞、文化发展的时代大潮中，《论语》中的许多思想仍有很大的借鉴意义和时代价值。

(3) 《孟子》——人之初，性本善。

《孟子》一书是孟子的言论汇编，由孟子及其再传弟子共同编写而成，记录了孟子的语言、政治观点(仁政、王霸之辨、民本、格君心之非，民贵君轻)和政治行动，是一部儒家经典著作。

《孟子》有七篇传世：《梁惠王》；《公孙丑》；《滕文公》；《离娄》；《万章》；《告子》；《尽心》。

其学说出发点为性善论，提出"仁政"、"王道"，主张德治。孟子的文章说理畅达，气势充沛并长于论辩，逻辑严密，尖锐机智，代表着传统散文写作的最高峰。孟子在人性问题上提出性善论，即"人之初，性本善"。

南宋时朱熹将《孟子》与《论语》、《大学》、《中庸》合在一起称"四书"，《孟子》是四书中篇幅最大的、部头最重的一本，有三万五千多字。从此直到清末，"四书"一直是科举必考内容。

(4)《大学》——大学之道，在明明德，在亲民，在止于至善。

《大学》原本是《礼记》中的一篇，传为孔子弟子曾参(公元前 505 年—公元前 434 年)作。自唐代韩愈、李翱维护道统而推崇《大学》(与《中庸》)，至北宋二程百般褒奖宣扬，甚至称"《大学》，孔氏之遗书而初学入德之门也"，再到南宋朱熹继承二程思想，便把《大学》从《礼记》中抽出来，与《论语》、《孟子》、《中庸》并列，到朱熹撰《四书章句集注》时，便成了"四书"之一。按朱熹和宋代另一位著名学者程颐的看法，《大学》是孔子及其门徒留下来的遗书，是儒家学派的入门读物。所以，朱熹把它列为"四书"之首。核心思想如下：

大学之道，在明明德，在亲民，在止于至善。知止而后有定，定而后能静，静而后能安，安而后能虑，虑而后能得。物有本末，事有终始，知所先后，则近道矣。

古之欲明明德于天下者，先治其国；欲治其国者，先齐其家；欲齐其家者，先修其身；欲修其身者，先正其心；欲正其心者，先诚其意；欲诚其意者，先致其知；致知在格物。物格而后知至；知至而后意诚；意诚而后心正；心正而后身修；身修而后家齐；家齐而后国治；国治而后天下平。自天子以至于庶人，壹是皆以修身为本。其本乱而未治者否矣。其所厚者薄，而其所薄者厚，未之有也！

(译文)大学的宗旨在于弘扬光明正大的品德，在于使人弃旧图新，在于使人达到最完善的境界。知道应达到的境界才能够志向坚定；志向坚定才能够镇静不躁；镇静不躁才能够心安理得；心安理得才能够思虑周详；思虑周详才能够有所收获。每样东西都有根本和枝末，每件事情都有开始有终结。明白了这本末始终的道理，就接近事物发展的规律了。

古代那些要想在天下弘扬光明正大品德的人，先要治理好自己的国家；要想治理好自己的国家，先要管理好自己的家庭和家族；要想管理好自己的家庭和家族，先要修养自身的品性；要想修养自身的品性，先要端正自己的心思；要想端正自己的心思，先要使自己的意念真诚；要想使自己的意念真诚，先要使自己获得知识；获得知识的途径在于认识、研究万事万物。通过对万事万物的认识、研究后才能获得知识；获得知识后意念才能真诚；意念真诚后心思才能端正；心思端正后才能修养品性；品性修养后才能管理好家庭和家族；管理好家庭和家族后才能治理好国家；治理好国家后天下才能太平。上至国家元首，下至平民百姓，人人都要以修养品性为根本。若这个根本被扰乱了，家庭、家族、国家、天下要治理好是不可能的。不分轻重缓急，本末倒置却想做好事情，这也同样是不可能的！

这是儒家思想传统中知识分子尊崇的信条。以自我完善为基础，通过治理家庭，直到平定天下，是几千年来无数知识分子的最高理想。然而实际上，成功的机会少，失望的时候多，于是又出现了"穷则独善其身，达则兼济天下"的思想。"正心、修身、齐家、治国、平天下"的人生理想与"穷则独善其身，达则兼济天下"的积极而达观的态度相互结合补充，几千年中影响始终不衰。

6.3　如何处事——中庸之道

所谓中庸之道就是孔子提倡、子思阐发的提高人的基本道德素质而达到太平和合的一整套理论与方法。中庸之道的理论基础是天人合一。

中庸之道的主题思想是教育人们自觉地进行自我修养、自我监督、自我教育、自我完善，把自己培养成为具有理想人格，达到至善、至仁、至诚、至道、至德、至圣、合外内之道的理想人物，共创"致中和天地位焉万物育焉"的"太平和合"境界。

中庸之道的主要原则有三条：一是慎独自修，二是忠恕宽容，三是至诚尽性。

《中庸》被称为"孔门心法"，主要是教导人们要处理好矛盾的对立统一关系，不要钻牛角尖，要善于换位思考，做事情不走极端。

6.4　如何做学问——刻苦学习，积极进取

学习、读书是人生快乐的事情。学习是需要一辈子的，大学四年是人生最美好的时光，人生目标是分阶段的，不可超越。刻苦学习、积极进取是这四年的基本主线；打好专业基础、学会做学问的基本方法是我们四年的基本目标。这条基本主线和基本目标是不可偏离的。偏离了这条主线，是会受到惩罚的，这样的例子太多了。

我们建议，大学的四年规划与学习策略如下：

首先要搞清楚大学是什么？理想的大学教育是什么？

大学是什么，古今中外学界有不少论述。古代的"大学"教育指的是最高层次、最完善的教育。《说文解字》中提到："大，天大地大人亦大，故大象人形"，"学，觉悟也，从教形，意尚蒙也。"《大学》在开篇云："大学之道，在明明德，在亲民，在止于至善"；朱熹在《大学章句》中说"大学者，大人之学也"。原清华大学校长梅贻琦认为："大学者，非谓有大楼谓也，有大师之谓也。"在蔡元培先生的心目中，"大学者，研究高深学问者也"。

这里，我们学习一下温家宝总理对大学和大学生的期待。他说：

大学不是单纯适应社会的产物，而是开启智慧、追求真理、传播知识、弘扬文化的重要场所，担当起引领社会发展方向的神圣使命。大学是一个国家的发展、民族的振兴的必要条件，是引领这个国家走向文明的航船。所以，大学生作为民族的精英肩负着历史的责任。中国起码在西汉时期，也可能更早，开始有大学。在孔子的时候我们称太学，也可以叫大学。"大学之道，在明明德，在亲民，在止于至善。"如果我们看看西方发展的历史，意大利最早的接近近代的大学，是在波洛尼亚，大概有 1000 年的历史了。法国的巴黎大学，美国的哈佛大学，英国的剑桥大学、牛津大学，这些大学在培养人才、造就国家栋梁方面，都起过重要作用。

一个国家的发展，要靠三个方面，第一是人，人才、人的智慧和心灵。第二要靠能够调动和发挥人们积极性和创造活力的政治体制和经济体制。第三要靠科学技术和创新的能

力。而这三者都离不开人，离不开人才，也都离不开现代大学的培养。

大学应该肩负着国家的希望，要起到引领作用：

第一，要树立为社会服务的办学理念。

大学生要把学校的命运，每一个老师、同学的命运和国家、人民和民族的命运紧紧联系在一起。无论在困难的时候，还是在顺利的时候，都要与国家、人民和民族同舟共济，都要为国家、为人民、为民族而学习和工作。

第二，要文理兼修。

无论什么样的大学，都应该有综合性。有一位老前辈说得好：没有一流的文科，就没有一流的理科；没有一流的理科，也就没有一流的工科。这就是说，我们培养的人，应该是全面的，具有综合素质的人。爱因斯坦曾经讲过这样一句话，大学里出来的人，应该是一个全面发展的人，而不仅仅是某一个方面的专门的人才。而且更应该是一个关心世界和国家命运的人，而不是一个自私自利的人。工科学生也要学习人文科学，学习文化和艺术。

第三，培养全面发展的人才。

在这里要特别强调学生的独立思考和教师的启发教学。人们常引用孔子的话："不愤不启，不悱不发。"这是对教师也是对学生讲的，对学生讲尤其要重视独立思考。每个学生有自己的大脑、有自己的智慧、有自己的创造能力，要使他们充分发挥独立思考的能力。学生们在学习期间，知识要广博，但是必须具有独立思考的能力和创新的思维，这样才能有真知，也才会有灼见，就是与众不同的见解。哲人说，发现一个问题比解决一个问题要困难得多，这就告诉我们，要善于发现问题，追求真理、追求真知。有一句哲言，一个民族多一些经常仰望天空的人，这个民族就大有希望；而一个民族总是看自己脚下的一点事情，那她很难有美好的未来。我们的民族是大有希望的民族，我们的同学应当经常仰望天空。

学习了温家宝总理的讲话精神，我们再来看看大学的校训。

校训是广大师生共同遵守的基本行为准则与道德规范，它既是学校办学理念、治校精神的反映，也是校园文化建设的重要内容，是一所学校教风、学风、校风的集中表现，体现大学文化精神的核心内容。

我国的学校教育继承了儒家文化的优良传统，儒家文化强调"修身、齐家、治国、平天下"，与学校教书育人的宗旨相统一。因此，校训的写作要充分从儒家文化中吸取营养、提炼精华。事实上，我国的许多著名大学都注重弘扬儒家文化精髓。如最受国人喜爱的清华大学校训"自强不息，厚德载物"就是出自《易经》"天行健，君子以自强不息；地势坤，君子以厚德载物"。

1. 中外大学校训比较

校训是引领大学前进的风向标，良好的校训的确立，将成为办好一所大学的先决条件。古今中外世界著名大学都各自拥有其独特的校训，鲜明地体现出他们不同的办学理念和治学特点，而由此形成的校训文化则成为大学教育中一道亮丽的风景。

东方和西方思想和思维有较大差异，由此导致东西方大学办学理念的不同。西方大学传统办学理念：合理求是、使命引导、学术自由、大学自治、积极应变、科学取向。东方大学传统办学理念：和而不同、各美其美、学术责任、与时俱进、止于至善、伦理(人文)

取向。因而，体现办学理念的大学校训也就各有偏重。

美国斯坦福大学的校训是"让自由之风吹拂"，英国剑桥大学拉丁文校训引用的是苏格拉底的一句话"我与世界相遇，我自与世界相蚀，我自不辱使命，使我与众生相聚。"而中国科技大学的校训是"红专并进，理实交融"。

校训是一所大学学风的集中体现，"实事求是，追求真理"，成为各高校培养高素质人才的首要准则。实事求是，意为：办事求学必须根据实证，求索真相，踏踏实实，知之为知之，不知为不知。追求真理，是治学最基本的目标，也是每一位求学者追求的崇高理想。世界著名学府哈佛大学的校训是 Let Plato be your friend， and Aristotle， but more let your friend be truth，中文翻译为"与柏拉图为友，与亚里士多德为友，更要与真理为友"。大学的目的不仅是让学生认识已有的知识，还要让他们去创造新的知识。学生必须学会自己去认识真理。但追求新的真理并不是一帆风顺的，不仅需要付出艰辛的努力，而且可能遭到旧的权威或当权者的反对。所以，与真理为友就显得更加可贵。

"自强不息，厚德载物"是中国高等学府清华大学的校训，也是当代大学生应该具备的优秀品质和基本道德素养。它精辟地概括了中国文化对人与自然、人与社会、人与人的关系的深刻认识与辩证的处理方法，是中华民族的民族精神与民族性格的重要表征。作为一个高尚的人，在气节、操守、品德、治学等方面都应不屈不挠，战胜自我，永远向上，力争在事业与品行两个方面都达到最高境界。

南开大学校训为"允公允能，日新月异"，提倡的是"公能"教育，一方面是培养青年"公而忘私"、"舍己为人"的道德观念；另一方面则是训练青年"文武双全"、"智勇兼备"，为国效劳的能力。这与美国普林斯顿大学的校训"普林斯顿——为国家服务"如出一辙。

大学的灵魂是它的独立思想和传统精神。创新之意识，自由之思想，科学、人文之传统等，这些都是大学最重要的、共同的精神支柱。由于历史的不同，以及地域文化与学科差异的影响，不同大学之间又形成了各自的传统和精神，这是大学在共性之外的特色与个性。最能反映一所大学传统和特色的便是校训了，因为校训是学校制定的对全校师生具有指导意义的行为准则，是对学校办学传统与办学目标的高度概括。校训对激励全校师生弘扬传统，增强荣誉感、责任感，继续奋发向上，具有特别重要的意义。

2. 校训欣赏

国内综合性大学：

河南大学：明德新民　止于至善

东北大学：自强不息　知行合一

东南大学：止於至善

复旦大学：博学而笃志　切问而近思

吉林大学：求实创新　励志图强

南京大学：诚朴雄伟　励学敦行

南开大学：允公允能　日新月异

北京大学：勤奋严谨　求实创新

　　　　山东大学：气有浩然　学无止境

　　　　上海大学：自强不息

　　　　清华大学：自强不息　厚德载物

　　　　天津大学：实事求是

　　　　厦门大学：自强不息　止于至善

　　　　浙江大学：求是创新

　　国内理工院校：

　　　　北京航空航天大学：德才兼备　知行合一

　　　　北京科技大学：学风严谨　崇尚实践

　　　　国防科学技术大学：厚德博学　强军兴国

　　　　哈尔滨工业大学：规格严格　功夫到家

　　　　哈尔滨工程大学：大工至善　大学至真

　　　　华中科技大学：明德厚学　求是创新

　　　　上海交通大学：饮水思源　爱国荣校

　　　　太原理工大学：求实创新

　　　　武汉理工大学：团结严谨　求实创新

　　　　西安交通大学：精勤求学　敦笃励志　果毅力行　忠恕任事

　　　　西北工业大学：公诚勇毅

　　　　中国科学技术大学：红专并进　理实交融

　　国内师范院校：

　　　　北京师范大学：学为人师　行为世范

　　　　广西师范大学：学高为师　身正为范

　　　　河南师范大学：厚德博学　止于至善

　　　　首都师范大学：为学为师　求实求新

　　　　天津师范大学：勤奋严谨　自树树人

综上所述，理想的大学教育的主要理念如下：

(1) 厚德载物，自强不息是中华栋梁之才的根本(民族精神所在)。

(2) 独立自尊是我们人格的魅力所在。

(3) 学习知识、研究科学技术是我们在大学阶段的本职工作。

(4) 服务社会是我们的历史责任。

这四条缺一不可。

　　这里，必须强调的是，一说孔孟之道，就不讲独立人格了，一讲仁者爱人，就不讲批判精神了，这不是正确的人生态度。学习《中庸》，用全面看待、对立统一的观点来处事，是我们必须掌握的"孔门心法"，是要用心去体会的。

　　大学四年是人生的重要阶段，我们建议物联网人材遵循如下原则进行学习：

　　(1) 紧跟教学进程，不落下。大学教学计划是由许多教育家精心设计的，可能你不能够完全理解，可能它有不完善的地方，老师讲授的水平也可能不高。但是，你最好先跟随计划学习，不可落下。大学生活是紧张的，与高中阶段最大的不同是，老师上课讲授的内容多，而且要求课下用一倍的时间复习、整理、做作业及预习。必须适应这个变化，在第一学年间，尤其是第一学期，要多努力，不要松懈，紧跟教学进程，不落下。以后会越来越轻松。

(2) 大学教育，是按照通识课程—基础课程—专业课程—专业选修课程的进程循序渐进的，是一环扣一环的，或者说，前面所学课程是后续课程的基础。物联网工程专业的教学进程大概如下：高等数学—大学物理—信息理论—电子技术—计算机原理—物联网技术基础—专业技术课—物联网实训课程。可以看出，数学、物理依然是我们的基础所在。

(3) 大学四年，所有课程都应该学好，但是，要重点把主干课学好，外语、高等数学、大学物理、信息理论、电子技术、计算机原理、计算机软件编程、硬件电路制作、计算机网络是我们重点要学好的物联网工程师基础课程。

(4) 参加大学生创新活动、注重实际动手能力是我们在大学后半段逐渐加强的。

(5) 课堂、课下与老师互动，敢于提出问题，提倡独立思考。

结 束 语

——遵守物联网行业的职业道德(先做人，再处事，终生学习)。

——明确学习目标，弄懂知识体系，了解教学计划，刻苦努力为本。

——追求全球视野，强调动手能力与开放思维。

——用物联网的精神——"开放，包容，探索，创新"要求自己。

——好好学习，健全人格，做全面掌握技术的士君子！

——刻苦努力，学好功课：

(1) 紧跟大学的教学计划，学习不掉队；

(2) 适应大学先快后慢的学习节奏(无人监督，不要放松)；

(3) 逐步从被动的学习(1、2年级，上课为主)过渡到主动学习(3、4年级，动手实践，研究制作，思考创新)；

(4) 不要跨越学习阶段，循序渐进，知行合一。

——不做贪玩的"5年级"大学生！

——宽口径(多学科)，厚基础(数理，英语)，重能力(实际动手)，求创新(思想开放)！

——做软件，制硬件，攻数学，通算法！

习 题

1. 默写"四书"、"五经"的具体书名。

2. 叙述《论语》、《大学》、《中庸》的核心内容。(答题不超过100字)

3. 如何看待"社会道德—职业道德—个人修养"的关系？

4. 在建立和履行《物联网工程师职业道德行为规范》中，如何处理个人自律与规范他人(工程建设规则)的关系？

5．谈谈你对"理想大学教育＝中国的孔孟子道＋英国的独立人格教育＋德法的高深学问＋美国的服务社会"的看法。

6．何谓中华民族精神？何谓中华文化之根？(答题不超过 50 字)

7．应该如何对我们的工程师进行职业道德教育？

8．如何让大学生接受道德教育？

本章参考文献

[1]　国家中长期人才发展规划纲要(2010－2020 年)．2010 年 6 月 6 日发布．

[2]　冯继宣．计算机伦理学．北京：清华大学出版社，2011．

[3]　温家宝．在同济大学校庆 100 周年时的讲话．2007 年 05 月 17 日，新华网．

[4]　四书五经，百度百科．

[5]　中华民族精神．百度百科．

[6]　中国文化之魂．百度百科．

[7]　洪蔚．"科学经济时代"的诱惑．科学时报．2011.6(29)．

附录　美国计算机协会(ACM)伦理与职业行为规范

1992 年 10 月 16 日，ACM 执行委员会表决通过了经过修订的"伦理规范"。建议用下列守则及解释性指南补充新《ACM 章程》第 17 章中的《规范》。

我们希望美国计算机协会的每一名正式会员、非正式会员和学生会员就合乎伦理规范的职业行为做出承诺。《规范》由 24 条守则组成，对个人责任做了简洁的陈述，确定了承诺的各项内容。

它包含职业人士可能会遇到的许多(但非全部)问题。第 1 章概述了基本的伦理问题；第 2 章则关注专业人员行为上的额外的、比较特殊的问题；第 3 章的条款适用于更为特殊的担任领导职位的个体，无论是工作中的领导，还是从属性的职员，例如在美国计算机协会这样的组织中；与遵守《规范》相关的原则由第 4 章提供。

《规范》附有一系列"指南"，它提供了进一步的解释，帮助会员处理本《规范》涉及的各种问题。可想而知，与《规范》的正文相比，指南的内容将改动得更为频繁。

《规范》及所附"指南"的意图，是为专业人员在业务行为中做合乎道德的决定提供一个基础。间接地，它们也可以为要不要举报违反职业道德准则的行为提供一个判断的基础。需要注意的是，尽管现有的道德准则并未提及计算机行业，《规范》所做的正是要把这些基本准则应用到计算机专业人员的行为中去。《规范》中的这些守则都表述为某个一般的样式，正是为了强调这些应用于计算机伦理的原则，都源自于那些更为普遍的道德法则。

当然，伦理规则的某些词句可以有多种解释，而且任何伦理原则在某些特殊情况下可能与其他的伦理原则发生冲突。关于伦理冲突的问题，最好通过对基本原则的深入思考来找出答案，而不要依赖细枝末节的规章条例。

1.　一般道德守则

作为美国计算机协会的一名成员，我将……

1.1　造福社会与人类

这一关系到所有人生活质量的原则，确认了保护人类基本权利及尊重一切文化多样性的义务。计算机专业人员的一个基本目标，是将计算机系统的负面影响——包括对健康及安全的威胁——减至最小。在设计或实现系统时，计算机专业人员必须尽力确保他们的劳动成果将用于对社会负责的途径，将满足社会的需要，将不会对健康与安定造成损害。

除了社会环境的安全，人类福祉还包括自然环境的安全。因此，设计和开发系统的计算机专业人员必须对可能破坏地方或全球环境的行为保持警惕，并引起他人的注意。

1.2　避免损害他人

"损害"的意思是伤害或负面的后果，诸如不希望看到的信息丢失、财产损失、财产破坏或者有害的环境影响。这一法则禁止以损害下列人群的方式运用计算机技术：用户、普通群众、雇员和雇主。有害行为包括对文件和程序的有意破坏或修改，它会导致资源的严重损失或人力资源的不必要的耗费，比如清除系统内计算机病毒所需的时间和精力。

善意的行为，包括那些为完成给定任务的行为，也有可能造成意外的损害。在这样的时间中，负责人的个人或集体有义务尽可能地消除或减轻负面后果。避免无心之过的一个办法，是在设计和实现过程中，对决策影响范围内的潜在后果进行仔细的考虑。

为尽量避免对他人的非故意损害，计算机专业人员必须尽可能在执行系统设计和检验的工人标准时减少失误。此外，对系统的社会影响进行评估，以揭示对他人造成严重损害的可能性，往往也是有必要的。如果计算机专业人员就系统特征对用户、合作者或上机主管做了歪曲，那他必须对任何伤害性后果承担个人责任。

在工作环境下，计算机专业人员对任何可能对个人或社会造成严重损害的系统的危险征兆负有附加的上报责任。如果他的上级主管没有采取措施减轻上述的危险，为有助于纠正问题或降低风险，"打小报告"也许是有必要的。然而，对违规行为的轻率或错误的报告本身可能是有害的。因此，在报告违规之前，必须对相关的各个方面进行全面评估。尤其是，对风险及责任的估计必须可靠。建议实现前征询其他的计算机专业人员。(参照守则2.5关于全面评估的部分。)

1.3　诚实可信

诚实是信任的一个重要组成部分。缺少信任的组织将无法有效运转。诚实的计算机专业人员不会在某个系统或系统的设计上故意不老实或者弄虚作假，相反，他会彻底公开系统所有的局限和问题。

计算机专业人员有义务对他或她的个人资格，以及任何可能关系到自身利益的情况抱以诚实的态度。

作为美国计算机协会这样一个志愿组织的成员，他们的立场或行为有时也许会被许多专业人员称做自讨"苦"吃。美国计算机协会的会员要试着去留意，避免人们对美国计算机协会本身、协会及下属单位的立场和政策产生误解。

1.4　做到公平而不歧视

这一守则体现了平等、宽容、尊重他人以及公平正义原则的价值。基于种族、性别、宗教信仰、年龄、身体缺陷、民族起源或类似因素的歧视，显然违背了美国计算机协会的政策，是不被允许的。

对信息和技术的应用或错误的应用，可能会导致不同群体的人们之间的不平等。在一个公平的社会里，每个人都拥有平等的机会去参与计算机资源的使用或从中获益，而无需考虑他们的种族、性别、宗教信仰、年龄、身体缺陷、民族起源或其他类似因素。但是，这些理念并不为计算机资源的擅自使用提供正当性，也不是违背本规范的任何其他伦理守则的合适借口。

1.5　尊重包括著作权和专利权在内的各项产权

在大多数情况下，对著作权、专利权、商业秘密和许可证协议条款的侵犯为法律所禁止。即使在软件得不到足够保护的时候，对它各项权利的侵犯依然与职业行为相违背。对软件的拷贝只应在适当的授权下进行。决不能纵容未经授权的复制行为。

1.6　尊重知识产权

计算机专业人员有义务保护知识产权的完整性。具体地说，不得将他人的想法或成果据为己有，即使在其(比如著作权或专利权)未受明确保护的情况下。

1.7　尊重他人的隐私

在人类文明史上，计算机及通信技术使得个人信息的搜集和交换具有了前所未有的规模，因而侵犯个人及群体隐私的可能性也随之增加。专业人员有责任维护个人数据的隐私权及完整性。这包括采取预防措施确保数据的准确性，以及防止这些数据被非法访问或泄露给无关人士。此外，必须指定规程允许个人检查他们的记录和修正错误。

本守则的含义是，系统只能搜集个人信息，对这些信息的保存和使用周期必须有明确的规定并强制执行。为某个特殊用途搜集的个人信息，未经当事人(们)同意不得用于别的目的。这些原则适用于电子通信(包括电子邮件)，在没有用户或者拥有系统操作与维护方面合法授权的人士许可的情况下，组织那些截取或监听用户电子数据(包括短信息)的进程。系统正常运行和维护期的用户数据检测，必须在最严格的保密级别下进行，除非有明显的违反法律、组织规章或本《规范》的情况发生。即便上述情况发生，相关信息的情况和内容也只允许透露给正确的权威机构。

1.8　保密

当一个人直接做出保密的承诺，或者不那么直接，当此人能够在履行职责意外获取私人的信息时，前面的诚实原则也适用于信息保密的问题。信守为雇主、客户和用户保密的所有职责是符合伦理要求的，除非法律或本《规范》其他原则的要求使某人从这些职责中解脱出来。

2. 比较特殊的专业人员职责

作为美国计算机协会的一名计算机专业人员，我将……

2.1　不论专业工作的过程还是其产品，都努力实现最高的品质、效能和尊严

追求卓越也许是专业人员最重要的职责。计算机专业人员必须努力追求品质，并认识到品质低劣的系统可能会导致严重的负面后果。

2.2　获得和保持专业能力

把获得与保持专业能力当成分内之事的人才可能会优秀。一个专业人员必须制定适合自己的各项能力和标准，然后努力达到这些标准。可以通过下述方法提升自己的专业知识和技能：自学，出席研讨会、交流会或讲习班；加入专业组织。

2.3　熟悉并遵守与业务有关的现有法规

美国计算机协会会员必须遵守现有的地方、州、省、国家及国际法规，除非另有强制

性的道德依据可以让他/她不这么做。还应遵守所加入的组织的政策和规程。但是服从之外还应保留自我判断的能力，有时候现有的法规和章程可能是不道德或不合适的，因此必须予以置疑。

当法律或规章缺乏坚实的道德基础，或者与另一条更重要的法律相冲突时，违犯有可能是合乎道德的。如果一个人因为某条法律或者规章看上去不道德，或任何其他原因而决定违犯它时，这个人必须对其行为及后果承担一切责任。

2.4　接受和提供适当的专业化评价

高质量的专业工作，尤其在计算机专业，有赖于专业化的评价和批评。只要实际合适，各个会员应当寻求和利用同伴的评价，同时对他人的工作提供自己的评价。

2.5　对计算机系统及它们的效果做出全面彻底的评估，包括分析可能存在的风险

在评价、推荐和发布系统及其他时，计算机专业人员必须尽可能介绍得生动、全面、客观。计算机专业人员处于收到特殊信赖的位置，因此也就担负特殊的责任，要向雇主、客户、用户以及公众提供客观、可靠的评估。专业人员在评估时还必须排除自身利益的影响，如守则1.3所陈述的。

正如守则1.2关于避免损害的讨论中所指出的，系统任何危险的征兆都必须上报给有机会并且/或者有责任去解决他们的人。参照守则1.2的"指南"部分，还有更多关于损害的内容，包括对专业人员违规行为的上报。

2.6　遵守合同、协议和分派的任务

遵守诺言是正直和诚实的表现。对于一个计算机专业人员，它包括确保系统各部分正常运行。同样，当一个人和别的团队一起承担项目时，此人有责任向该团队通报工作的进度。

如果一个计算机专业人员感到无法按计划完成分派的任务时，他/她有责任要求变动。在接受工作任务前，必须经过认真的考虑，全面衡量对于雇主或客户的风险和利害关系。这里的主要原则是，一个人有义务对专业工作承担起个人责任。但在某些情况下，可能要优先考虑其他的伦理原则。

不应该完成某个具体任务的判断可能不会被接受。虽然有明确的考虑和理由支持这样的判断，但却未能使工作任务发生变动时，合同和法律仍然会要求他按指令继续进行。是否继续进行，最终取决于计算机专业人员个人的伦理判断。不管做出什么样的决定，他都必须承担其后果。无论如何，"违心"执行任务并不意味着这样的人员可以不对其行为造成的负面后果负责任。

2.7　促进公众对计算机技术及其影响的了解

计算机专业人员有责任与公众分享专业知识，促进公众对计算机技术，包括计算机系统及其局限的影响的了解。本守则隐含了一条义务，即驳斥一切有关计算机技术的错误观点。

2.8　只在授权状态下使用计算机及通信资源

窃取或者破坏有形及电子资产是守则1.2"避免损害他人"所禁止的。而对某个计算机或通信系统的入侵和非法使用，则在本守则范围之内。"入侵"包括在没有明确授权的情况

下，访问通信网络及计算机系统或系统内的账号和/或文件。只要没有违背歧视原则(参照1.4)，个人和组织有权限制对他们系统的访问。

未经许可，任何人不得进入或使用他人的计算机系统、软件或数据文件。在使用系统资源，包括通信端口、文件系统控件、其他的系统外设之前，必须经过适当的批准。

3. 组织领导守则

作为美国计算机协会的一名会员及一个组织的领导者，我将……

3.1 强调组织单位成员的社会责任，促进对这些责任的全面担当

任何类型的组织都具有公众影响力，因此他们必须担当社会责任。如果组织的章程和立场倾向于社会的福祉，就能够减少对社会成员的伤害，进而服务于公共利益，履行社会职责。因此，除了完成质量指标，组织领导还必须鼓励全面参与履行社会责任。

3.2 组织人力物力、设计并建立提高劳动生活质量的信息系统

组织领导有责任确保计算机系统提高，而非降低劳动生活质量。实现一个计算机系统时，组织必须考虑所有员工的个人及职业上的发展、人身安全和个人尊严。在系统设计过程和工作场所中，应当考虑运用适当的人机工程学标准。

3.3 肯定并支持对一个组织所用的计算机和通信资源的正当及合法使用

因为计算机系统既可以成为损害组织的工具，也可以成为帮助组织的工具，组织领导必须清楚地定义什么是对组织所有的计算机资源的正当使用，什么是不正当的。虽然这些规则的数目和设计范围应当尽可能小，但一经制定，它们就应该得到彻底的贯彻实施。

3.4 在评估和制定需求的过程中，要确保用户及受系统影响的人已经明确表达了他们的要求。必须确保系统将来能满足这些需求

系统的当前用户、潜在用户以及其他可能受这个系统影响的人，他们的要求必须得到评估并列入需求报告。系统认证应确保已经照顾到了这些需求。

3.5 提供并支持那些保护用户及其他受系统影响的人的尊严的政策

设计或实现有意无意地贬低某些个人或团队的系统，在伦理上是不能被接受的。处于决策地位的计算机专业人员应确保所设计和实现的系统，是保护个人隐私和强调个人尊严的。

3.6 为组织成员学习计算机系统的原理和局限创造条件

这是对"公众了解"守则(2.7)的补充，受教育的机会是促使所有组织成员全身心投入的一个重要因素。必须让所有成员有机会提高计算机方面的知识和技能，包括提供能让他们熟悉特殊类型的系统的效果和局限的课程。尤其是，必须让专业人员了解到，围绕着过于简单的模型，围绕着任何显示操作条件下都不大可能实现的构想和设计，以及与这个行业复杂性有关的问题，构造系统所要面对的危险。

4. 遵守《规范》

作为美国计算机协会的一名会员，我将……

4.1 维护和发扬《规范》的各项原则

计算机行业的未来既取决于技术上的优秀，也取决于道德上的优秀。美国计算机协会

的每一名会员，不仅自己应遵守《规范》所表述的原则，还应鼓励和支持其他的会员遵守这些原则。

4.2　视违反《规范》为不符合美国计算机协会会员身份的行为

专业人员对某个伦理规范的遵守，主要是一种志愿行为。但是，如果有会员公然违反《规范》去从事不道德的勾当，美国计算机协会多半会取消其会员资格。

缩 略 语

3GPP	The 3rd Generation Partnership	第三代合作伙伴计划
AI	Artificial Intelligence	人工智能
CCSA	China Communications Standards Association	中国通信标准化协会
CDMA	Code Division Multiple Access	码分多址
CPS	Cyber Physical Systems	信息物理系统
CPU	Central Processing Unit	中央处理器
DAI	Distributed Artificial Intelligence	分布式人工智能
DCS	Distributed Control System	分布式控制系统
EPC	Electronic Product Code	产品电子代码
ETSI	European Telecommunications Standards Institute	欧洲电信标准化协会
FCS	Frame Check Sequence	帧检验序列
GIS	Geographic Information System	地理信息系统
GICP	General Intelligent Control Protocol	通用智能控制协议
GPRS	General Packet Radio Service	通用分组无线服务
GPS	Global Positioning System	全球定位系统
GSM	Global System for Mobile Communications	全球移动通信系统
H2H	Human to Human	人到人
H2T	Human to Thing	人到物品
IaaS	Infrastructure as a Service	基础设施即服务
ICT	Information Communication Technology	信息通信技术
IDC	Internet Data Center	互联数据中心
IEEE	Institute of Electrical and Electronics Engineers	美国电气和电子工程师协会
IOT	Internet of Things	物联网
ISM	Industrial Scientific Medical	工业科学医疗
ITU	International Telecommunications Union	国际电信联盟
M2M	Machine/Man to Machine/Man	机器/人对机器/人
MAS	Multi-Agent System	多智能 Agent 系统
MEMS	Micro Electro Mechanical Systems	微电子机械系统
OFDM	Orthogonal Frenquency Division Multiplexing	正交频分复用技术

PaaS	Platform as a Service	平台即服务
PDA	Personal Digital Assistant	个人数字助理
PLC	Power Line Communication	电力线通信
PLC	Programmable Logic Controller	可编程逻辑控制器
QoS	Quality of Service	服务质量
RFID	Radio Frequency Identification	射频识别
SaaS	Software as a Service	软件即服务
SMS	Short Message System	短信系统
T2T	Thing to Thing	物品到物品
VAE	Vertical Application Environment	垂直应用平台
WiFi	Wireless Fidelity	802.11b 标准
WSN	Wireless Sensor Network	无线传感器网络